岩波講座 基礎数学

常微分方程式 I

監　修

小 平 邦 彦

編　集

岩 堀 長 慶
河 田 敬 義
*藤 田　 宏
*小松彦三郎
田 村 一 郎
服 部 晶 夫
飯 高　 茂

岩波講座　基礎数学

解 析 学(II) i

常微分方程式 I

斎 藤 利 弥

岩 波 書 店

目　　次

はしがき

独立変数が実数であるような常微分方程式の理論のうちで，本書では特に，独立変数が限りなく増加するときの解の行動に関する理論だけをとりあげた．この種の問題をまとめて書いた書物が，ことに邦書ではあまり見うけられないように思われたので，この機会に，一応自分なりの考え方でまとめてみようと思いたったのである．

もっとも，この種の問題に関する研究は非常に多く，その研究の方向もかなり多岐にわたっている．本書ではそれらのうちでももっとも基本的であると思われる話題を二三拾い上げてみた．実をいうとこの拾い上げるということだけが私のやった仕事であって，それから後の，それぞれの話題についての解説は，既刊の書物に述べられているものを寄せ集めたにすぎない．

内容は三つの章に分かれる．第1章はいわば準備であって線型方程式の一般的な性質を簡単に説明している．したがって線型方程式の一般論をすでに学ばれた読者はこの章をとばして読んでさしつかえない．第2章は安定性の理論である．安定性も現在ではいろいろ細かく分類されているが，ここではもっとも基本的な，安定性，漸近安定性，一様安定性，一様漸近安定性および指数漸近安定性に関するいくつかの定理を挙げるにとどめた．第3章は主として Ljapunov の特性数について論じた．この理論はふつうの教科書ではあまりとり上げられていないようなので，かなりのページ数をこれにあてた．最後に解の展開定理について簡単にふれたが，これはほんの入り口の紹介である．展開定理に関してはそれだけで一冊の書物を書くことができるほどの豊富な結果が得られており，それと本式にとり組むことは本書では到底望み得ない．

ここでとり上げたのはもっぱら解析的な理論であるが，解の漸近的行動の理論の重要な一部分として，位相的方法による研究がある．それについても一切ふれないことにした．

予備知識としては，古典的な微積分学と複素関数論の初歩，および線型代数を一通り知っていれば十分であろう．ただし解析学の諸定理の証明にはつきものの，技術的な複雑さだけは避けて通ることができない.

著者の不注意による誤りも少なからずあるのではないかと恐れている. それについては読者の寛容を期待する他はない.

第1章　線型常微分方程式の基本的性質

§1.1　常微分方程式の初期値問題

ここでとりあつかう常微分方程式は次のような形のものである．

$$\frac{dx}{dt}=f(x,t). \tag{1.1}$$

ここに x は n 次元 Euclid 空間 $\boldsymbol{R}^n$ の点を表し，t は $\boldsymbol{R}^1$ の点，すなわち実数を表す変数で，f は $\boldsymbol{R}^n\times\boldsymbol{R}^1$ ($x\in\boldsymbol{R}^n$, $t\in\boldsymbol{R}^1$) の開集合 G において定義され，$\boldsymbol{R}^n$ の値をとる関数である．座標成分を使って書けば(1.1)は

$$\frac{dx_k}{dt}=f_k(x_1,\cdots,x_n,t),\qquad k=1,\cdots,n \tag{1.2}$$

となる．$x=(x_1,\cdots,x_n)$, $f=(f_1,\cdots,f_n)$ である．

$\boldsymbol{R}^n$ の Euclid ノルムを $\|\ \|$ で表す．すなわち

$$\|x\|=\sqrt{|x_1|^2+\cdots+|x_n|^2}.$$

G の点 (x^0,t_0) をとったとき，(1.1)の解 $x(t)$ で

$$x(t_0)=x^0$$

となるもの——これを (x^0,t_0) **を通る解**とよぼう——を求める問題を(1.1)の初期値問題，または Cauchy 問題という．初期値問題に関しては次の諸定理の成り立つことが知られている．

定理 1.1　$f(x,t)$ が G において連続ならば，任意の $(x^0,t_0)\in G$ に対し，(x^0,t_0) を通る(1.1)の解 $x(t)$ が存在する．この解の定義域は $\boldsymbol{R}^1$ の開区間 (α,ω), $-\infty\leqq\alpha<\omega\leqq\infty$, で α,ω の値は一般に x^0,t_0 に依存する．そして $t\to\alpha$, および $t\to\omega$ のとき点 $(x(t),t)$ は G の境界に限りなく近づく．——

定理 1.2　$f(x,t)$ が x について **Lipschitz 条件**を満たすならば——すなわち K を G に含まれる任意のコンパクトな集合とすると，(一般に K に依存する)正の定数 L_K が存在して $(x,t)\in K$, $(x',t)\in K$ である時

$$\|f(x,t)-f(x',t)\|\leqq L_K\|x-x'\|$$

が成り立つならば，$(x^0, t_0) \in G$ を通る(1.1)の解は(存在すれば)ただ一つに限る．——

定理1.1は(x^0, t_0)の近傍における局所的な解の存在を保証する**Cauchy-Peano の存在定理**と，**延長不能解(極大延長解)の存在定理**とをあわせて述べたものであり，定理1.2はいわゆる**Cauchy-Lipschitz の一意性定理**である．なお今後解といえば定理1.1で述べたような解，すなわち延長不能解をさすものとする．

$A(t)$をn次正方行列，$b(t)$をn次元ベクトルとするとき，微分方程式

$$\frac{dx}{dt} = A(t)x + b(t) \tag{1.3}$$

は**線型**であるといい，$b(t) \equiv 0$のとき**同次**，そうでないとき**非同次**という．

定理1.3　$A(t), b(t)$が$\boldsymbol{R}^1$の開区間Iにおいて連続ならば任意の$x^0 \in \boldsymbol{R}^n$，$t_0 \in I$に対して(x^0, t_0)を通る(1.3)の解はつねにただ一つ存在し，その定義域はI全体である．——

今後は$f(x, t)$がGにおいて連続でxについて Lipschitz 条件を満たす場合だけを考える．したがって(1.1)の初期値問題の解はつねにただ一つ存在する．なお$f(x, t)$がxについて連続微分可能ならばxに関する Lipschitz 条件がつねに成り立つことに注意しておく．

$(\xi, \tau) \in G$を通る(1.1)の解を(ξ, τ, tの関数と考えて)

$$x = \varphi(\xi, \tau; t)$$

で表し，(ξ, τ)を定めたときのφの(tの関数としての)定義域を$I(\xi, \tau)$とする．このときφの(ξ, τ, tの関数としての)定義域は$\boldsymbol{R}^n \times \boldsymbol{R}^1 \times \boldsymbol{R}^1$の部分集合

$$D = \{(\xi, \tau; t) \mid (\xi, \tau) \in G, t \in I(\xi, \tau)\}$$

である．

定理1.4　$\varphi(\xi, \tau; t)$はDにおいて連続である．——

定理1.5　$f(x, t)$がGにおいて，xに関し

(1)　r回連続微分可能ならば，φはDにおいてξに関しr回連続微分可能である．

(2)　無限回連続微分可能ならば，φはDにおいてξに関し無限回連続微分可能である．

(3)　解析的ならば，φはDにおいてξに関し解析的である．——

次に微分方程式がパラメータ $\lambda \in \boldsymbol{R}^m$ を含む場合を考える．すなわち，微分方程式

$$\frac{dx}{dt} = f(x, t, \lambda) \tag{1.4}$$

において f は $(x, t) \in G$，$\lambda \in \Gamma$ において連続で，λ を定めたとき x について Lipschitz 条件を満たすものとする．ただし Γ は $\boldsymbol{R}^m$ の開集合である．$(\xi, \tau) \in G$ を通る (1.4) の解を

$$x = \varphi(\xi, \tau, \lambda\,;\, t)$$

とし ξ, τ, λ を定めたときの φ の (t の関数としての) 定義域を $I(\xi, \tau, \lambda)$ とすれば，φ の定義域は

$$\Delta = \{(\xi, \tau, \lambda\,;\, t) \mid (\xi, \tau) \in G, \lambda \in \Gamma, t \in I(\xi, \tau, \lambda)\}$$

である．

定理 1.6　φ は Δ において連続である．——

定理 1.7　f が $G \times \Gamma$ において，x, λ について

(1)　r 回連続微分可能ならば，φ は Δ において ξ, λ に関し r 回連続微分可能である．

(2)　無限回連続微分可能ならば，φ は Δ において ξ, λ に関し無限回連続微分可能である．

(3)　解析的ならば，φ は Δ において ξ, λ に関し解析的である．——

これらの定理の証明は省略する (巻末にあげた Coddington & Levinson の書物等を参照されたい)．

§1.2　線型方程式の一般的性質

$A(t)$ を n 次正方行列で，$\boldsymbol{R}^1$ の開区間 I において連続とする．I 上で同次線型方程式

$$\frac{dx}{dt} = A(t)x \tag{1.5}$$

を考える．

定理 1.3 により，任意の $x^0 \in \boldsymbol{R}^n$，$t_0 \in I$ に対し (x^0, t_0) を通る (1.5) の解はつねにただ一つ存在し，その定義域は I 全体である．

定理 1.8　(1.5)の解全体の集合 S は n 次元線型空間である.

証明　$x^1(t)\in S$, $x^2(t)\in S$ ならば $c_1x^1(t)+c_2x^2(t)\in S$(c_1, c_2 は任意の定数)であることは明らかであるから, S は線型空間である.

$\xi^1,\cdots,\xi^n$ を $\boldsymbol{R}^n$ の1次独立なベクトル, $t_0\in I$ として, (ξ^k, t_0) を通る解を

$$x=\varphi^k(t),\qquad k=1,\cdots,n$$

とおく. $x^0\in\boldsymbol{R}^n$ を任意にとれば, $\xi^1,\cdots,\xi^n$ は1次独立であるから定数 $c_1,\cdots,c_n$ を適当にえらんで

$$x^0=c_1\xi^1+\cdots+c_n\xi^n$$

とすることができる.

$$x=c_1\varphi^1(t)+\cdots+c_n\varphi^n(t) \tag{1.6}$$

とすれば $x\in S$. しかも $t=t_0$ では

$$x=c_1\varphi^1(t_0)+\cdots+c_n\varphi^n(t_0)=c_1\xi^1+\cdots+c_n\xi^n=x^0.$$

ゆえに $x^0\in\boldsymbol{R}^n$, $t_0\in I$ を任意にえらんだとき, (x^0, t_0) を通る解は(1.6)のように表せる. したがって S は高々 n 次元である.

次にある t の値 τ において

$$c_1\varphi^1(\tau)+\cdots+c_n\varphi^n(\tau)=0$$

になったとすれば, 解 $x(t)=c_1\varphi^1(t)+\cdots+c_n\varphi^n(t)$ に対し

$$x(\tau)=c_1\varphi^1(\tau)+\cdots+c_n\varphi^n(\tau)=0$$

であるから $x(t)$ は $(0,\tau)$ を通る解である. ところが $x\equiv 0$ も同じ点を通る解であるから, 解の一意性により $x(t)\equiv 0$. ゆえに

$$x(t_0)=c_1\xi^1+\cdots+c_n\xi^n=0.$$

$\xi^1,\cdots,\xi^n$ は1次独立であるから $c_1=\cdots=c_n=0$. したがって $\varphi^1(t),\cdots,\varphi^n(t)$ は任意の $t\in I$ において1次独立である. ゆえに S は少なくとも n 次元である.

以上のことから S は n 次元の線型空間であることが証明された. ∎

1次独立な解 $\varphi^1(t),\cdots,\varphi^n(t)$ を列とする n 次正方行列

$$\Phi(t)=(\varphi^1(t),\cdots,\varphi^n(t))$$

を(1.5)の**基本行列**, または**解の基本系**という. $\varphi^1(t),\cdots,\varphi^n(t)$ はすべての $t\in I$ に対して1次独立であるから

$$|\Phi(t)|\neq 0,\qquad t\in I\qquad (|\Phi(t)|\text{ は }\Phi(t)\text{ の行列式}).$$

一般に n 組の解 $x^1(t),\cdots,x^n(t)$ を列とする行列

$$X(t)=(x^1(t),\cdots,x^n(t))$$

を考えたとき $|X(t)|$ を，解 $x^1(t),\cdots,x^n(t)$ の **Wronski の行列式**または**ロンスキアン**という．定理1.8の証明からわかるように $x^1(t),\cdots,x^n(t)$ は t の一つの値に対して1次独立ならばすべての $t\in I$ に対して1次独立であるから，ある $t_0\in I$ に対して $|X(t_0)|\neq 0$ ならばすべての $t\in I$ に対して $|X(t)|\neq 0$ である．

このことは次の定理から直接確かめることもできる．

定理 1.9 $t_0\in I$ とすれば

$$|X(t)|=|X(t_0)|\exp\left(\int_{t_0}^t \mathrm{tr}\,A(\tau)d\tau\right),\qquad t\in I. \tag{1.7}$$

証明 $x^k(t)$ の成分を $x_{1k}(t),\cdots,x_{nk}(t)$ とおけば

$$|X(t)|=\begin{vmatrix} x_{11} & \cdots & x_{1n}\\ x_{21} & \cdots & x_{2n}\\ & \cdots\cdots & \\ x_{n1} & \cdots & x_{nn}\end{vmatrix}.$$

ゆえに d/dt を $\cdot$ で表せば

$$\frac{d|X(t)|}{dt}=\begin{vmatrix} \dot{x}_{11} & \cdots & \dot{x}_{1n}\\ x_{21} & \cdots & x_{2n}\\ & \cdots\cdots & \\ x_{n1} & \cdots & x_{nn}\end{vmatrix}+\begin{vmatrix} x_{11} & \cdots & x_{1n}\\ \dot{x}_{21} & \cdots & \dot{x}_{2n}\\ & \cdots\cdots & \\ x_{n1} & \cdots & x_{nn}\end{vmatrix}+\cdots+\begin{vmatrix} x_{11} & \cdots & x_{1n}\\ x_{21} & \cdots & x_{2n}\\ & \cdots\cdots & \\ \dot{x}_{n1} & \cdots & \dot{x}_{nn}\end{vmatrix}.$$

A の成分を a_{ij} とすれば $\dot{x}^k=A(t)x^k$ から

$$\dot{x}_{ik}=\sum_j a_{ij}x_{jk}.$$

ゆえに

$$\begin{vmatrix} \dot{x}_{11} & \cdots & \dot{x}_{1n}\\ x_{21} & \cdots & x_{2n}\\ & \cdots\cdots & \\ x_{n1} & \cdots & x_{nn}\end{vmatrix}=\begin{vmatrix} \sum a_{1j}x_{j1} & \cdots & \sum a_{1j}x_{jn}\\ x_{21} & \cdots & x_{2n}\\ & \cdots\cdots & \\ x_{n1} & \cdots & x_{nn}\end{vmatrix}=\sum a_{1j}\begin{vmatrix} x_{j1} & \cdots & x_{jn}\\ x_{21} & \cdots & x_{2n}\\ & \cdots\cdots & \\ x_{n1} & \cdots & x_{nn}\end{vmatrix}=a_{11}|X|.$$

同様にして一般に

$$\begin{vmatrix} x_{11} & \cdots & x_{1n}\\ & \cdots\cdots & \\ \dot{x}_{i1} & \cdots & \dot{x}_{in}\\ & \cdots\cdots & \\ x_{n1} & \cdots & x_{nn}\end{vmatrix}=a_{ii}|X|.$$

これから

$$\frac{d|X|}{dt} = \sum a_{ii}\cdot|X| = \mathrm{tr}\,A\cdot|X|.$$

これを $|X|$ に関する微分方程式と考えて解くことにより求める関係を得る. ∎

$A(t)$ は I で連続であるから $\int_{t_0}^{t} \mathrm{tr}\,A(\tau)d\tau$ は有限で, したがって

$$\exp\left(\int_{t_0}^{t} \mathrm{tr}\,A(\tau)d\tau\right) \neq 0.$$

ゆえに $|X(t_0)|\neq 0$ ならば (1.7) からすべての $t\in I$ に対して $|X(t)|\neq 0$.

次の定理の成り立つことは明らかであろう.

定理 1.10　n 次正方行列 $X(t)$ についての微分方程式

$$\frac{dX}{dt} = A(t)X \tag{1.8}$$

の解で $|X(t)|\neq 0$ であるもの (あるいはある $t_0\in I$ に対し $|X(t_0)|\neq 0$ であるもの) を $X=\Phi(t)$ とし, $\Phi(t)$ の列ベクトルを $\varphi^1(t), \cdots, \varphi^n(t)$ とすれば, それらは (1.5) の1次独立な解であり, $\Phi(t)$ は (1.5) の基本行列である. ――

この定理から直ちに次の定理を得る.

定理 1.11　$\Phi(t)$ を (1.5) の基本行列, P を正則な定数行列とすれば $\Phi(t)P$ もまた基本行列である. 逆に, $\Phi(t), \Psi(t)$ がともに (1.5) の基本行列ならば, 正則な定数行列 P が存在して $\Psi(t)=\Phi(t)P$ と書くことができる.

証明

$$\frac{d\Phi(t)}{dt} = A(t)\Phi(t), \qquad |\Phi(t)| \neq 0,\ |P| \neq 0$$

から

$$\frac{d(\Phi(t)P)}{dt} = \frac{d\Phi(t)}{dt}P = A(t)(\Phi(t)P),$$

$$|\Phi(t)P| = |\Phi(t)|\cdot|P| \neq 0.$$

ゆえに定理 1.10 により $\Phi(t)P$ は基本行列である.

次に $\Phi(t), \Psi(t)$ が基本行列であるとし $\Phi^{-1}(t)\Psi(t)=P$ とする.

$$\frac{d\Phi}{dt} = A\Phi, \qquad \frac{d\Psi}{dt} = A\Psi$$

であるから

$$\frac{dP}{dt}=\frac{d(\Phi^{-1})}{dt}\Psi+\Phi^{-1}\frac{d\Psi}{dt}=-\Phi^{-1}\frac{d\Phi}{dt}\Phi^{-1}\Psi+\Phi^{-1}\frac{d\Psi}{dt}$$
$$=-\Phi^{-1}A\Phi\Phi^{-1}\Psi+\Phi^{-1}A\Psi=0.$$

ゆえに P は定数行列であって

$$\Psi(t)=\Phi(t)P.$$

また

$$|P|=|\Phi^{-1}\Psi|=|\Phi|^{-1}|\Psi|.$$

$|\Phi|\neq 0$, $|\Psi|\neq 0$ であるから $|P|\neq 0$. ▌

定理 1.12　$\Phi(t)$ を (1.5) の基本行列とすれば (x^0, t_0) を通る (1.5) の解は

$$x=\Phi(t)\Phi^{-1}(t_0)x^0 \tag{1.9}$$

である．また (1.5) の一般解は

$$x=\Phi(t)c \qquad (c \text{ は定数ベクトル})$$

と書かれる．

証明

$$\frac{dx}{dt}=\frac{d\Phi(t)}{dt}\Phi^{-1}(t_0)x^0=A(t)\Phi(t)\Phi^{-1}(t_0)x^0=A(t)x,$$
$$x(t_0)=\Phi(t_0)\Phi^{-1}(t_0)x^0=x^0.$$

これで定理の前半が証明された．

したがって $\Phi^{-1}(t_0)x^0=c$ とおくことにより，任意の解は

$$x=\Phi(t)c$$

と表される．これが定理の後半である．▌

定理 1.13　$b(t)$ は I で連続な n 次元ベクトルとする．非同次方程式

$$\frac{dx}{dt}=A(t)x+b(t) \tag{1.10}$$

の (x^0, t_0) を通る解は，これに付随する同次方程式

$$\frac{dx}{dt}=A(t)x$$

の基本行列を $\Phi(t)$ とすれば

$$x=\Phi(t)\Phi^{-1}(t_0)x^0+\Phi(t)\int_{t_0}^{t}\Phi^{-1}(\tau)b(\tau)d\tau \tag{1.11}$$

である．

証明　直接計算により明らかである. ▌

§1.3　定数係数の線型方程式

A を, 定数を要素とする n 次正方行列とする.

補題 1.1　A^m (m は自然数)の ij 要素を $a_{ij}{}^m$ とするとき, 無限級数

$$\delta_{ij}+\frac{ta_{ij}{}^1}{1!}+\frac{t^2a_{ij}{}^2}{2!}+\cdots+\frac{t^ma_{ij}{}^m}{m!}+\cdots \qquad (\delta_{ij} \text{ は Kronecker の記号}) \tag{1.12}$$

は $|t|<\infty$ において収束する.

証明　$\max_{i,j}|a_{ij}{}^1|=M$ とおくと

$$|a_{ij}{}^1| \leqq M, \qquad i,j=1,\cdots,n.$$

いま

$$|a_{ij}{}^m| \leqq n^{m-1}M^m, \qquad i,j=1,\cdots,n \tag{1.13}$$

を仮定すれば $a_{ij}{}^{m+1}=\sum_l a_{il}{}^1a_{lj}{}^m$ であるから

$$|a_{ij}{}^{m+1}| \leqq \sum_l |a_{il}{}^1||a_{lj}{}^m| \leqq \sum_l M\cdot n^{m-1}M^m = n^mM^{m+1}.$$

ゆえに(1.13)がすべての m について成り立つから, (1.12)の収束を示すには

$$1+\frac{tM}{1!}+\frac{t^2nM^2}{2!}+\cdots+\frac{t^mn^{m-1}M^m}{m!}+\cdots$$

の収束をいえばよい. これは t の整関数 $(n-1+e^{nMt})/n$ の Taylor 展開であるから $|t|<\infty$ で収束する. ゆえに(1.12)も $|t|<\infty$ で収束する. ▌

(1.12)を s_{ij} とおき s_{ij} を ij 要素とする行列を考えれば, これは行列の多項式

$$E+\frac{tA}{1!}+\frac{t^2A^2}{2!}+\cdots+\frac{t^mA^m}{m!} \qquad (E \text{ は単位行列})$$

の $m\to\infty$ の極限と考えられる. そこでこれを e^{tA} で表す.

定理 1.14　e^{tA} は線型方程式

$$\frac{dx}{dt}=Ax \tag{1.14}$$

の基本行列である. (この場合 $I=\boldsymbol{R}^1$.)

証明　s_{ij} は t の整関数であるから項別微分ができて

$$\frac{ds_{ij}}{dt}=a_{ij}{}^1+\frac{ta_{ij}{}^2}{1!}+\cdots+\frac{t^ma_{ij}{}^{m+1}}{m!}+\cdots.$$

$a_{ij}{}^{m+1}=\sum_l a_{il}{}^1 a_{lj}{}^m$ であることに注意して変形すれば

$$\frac{ds_{ij}}{dt} = \sum_l a_{il}{}^1\left(\delta_{lj}+\frac{ta_{lj}{}^1}{1!}+\cdots+\frac{t^m a_{lj}{}^m}{m!}+\cdots\right)$$

$$= \sum_l a_{il}{}^1 s_{lj}.$$

これから

$$\frac{d(e^{tA})}{dt} = Ae^{tA}.$$

また $t=0$ とおけば $e^{tA}=E$ であるから，$t=0$ においては

$$|e^{tA}| = |E| \neq 0.$$

ゆえに e^{tA} は(1.14)の基本行列である．▌

補題 1.2 n 次正方行列 A と B とが可換ならば

$$e^{tA}e^{tB} = e^{t(A+B)}.$$

証明 まず

$$e^{tA} = \lim_{m\to\infty}\left(E+\frac{tA}{1!}+\frac{t^2A^2}{2!}+\cdots+\frac{t^mA^m}{m!}\right)$$

から，e^{tA} と B とが可換であることは容易にわかる．今

$$Y = e^{tA}e^{tB}$$

とおけば

$$\frac{dY}{dt} = \frac{d(e^{tA})}{dt}e^{tB}+e^{tA}\frac{d(e^{tB})}{dt}$$

$$= Ae^{tA}e^{tB}+e^{tA}Be^{tB}$$

$$= Ae^{tA}e^{tB}+Be^{tA}e^{tB} = (A+B)Y.$$

また，$t=0$ のとき $|Y|=|E|\neq 0$ であるから，Y は

$$\frac{dY}{dt} = (A+B)Y$$

の基本行列である．一方定理 1.14 により $e^{t(A+B)}$ も同じ方程式の基本行列であるから，定理 1.11 により，正則な定数行列 P が存在して

$$Y = e^{tA}e^{tB} = e^{t(A+B)}P.$$

ここで $t=0$ とおくと $P=E$ を得る．ゆえに

$$e^{tA}e^{tB} = e^{t(A+B)}.$$

▌

この補題と $e^{tO}=E$ (O は零行列) とに注意すれば

$$(e^{tA})^{-1}=e^{-tA}$$

であることがわかる.

定理 1.15　(1)　(x^0, t_0) を通る (1.14) の解は

$$x=e^{(t-t_0)A}x^0$$

である.

(2)　$b(t)$ を $t\in I\subset \boldsymbol{R}^1$ で連続な n 次元ベクトルとする. 非同次方程式

$$\frac{dx}{dt}=Ax+b(t)$$

の (x^0, t_0) を通る解は

$$x=e^{(t-t_0)A}x^0+e^{tA}\int_{t_0}^{t}e^{-\tau A}b(\tau)d\tau \qquad (t\in I)$$

である.

証明　e^{tA} が (1.14) の基本行列であること, $(e^{tA})^{-1}=e^{-tA}$ であることに注意すれば, 定理 1.12, 定理 1.13 から直ちに上の結論を得る. ▌

したがって A が定数の時には, 線型方程式を解くことは e^{tA} の計算に帰着される.

実際に微分方程式 (1.14) を解くに当っては, 次のような計算を行う.

P を正則な定数行列として

$$x=Py$$

とおけば, y の満たす微分方程式は簡単な計算により

$$\frac{dy}{dt}=P^{-1}APy. \tag{1.15}$$

P を適当にえらんで $P^{-1}AP$ を Jordan の標準形

$$P^{-1}AP=J=\begin{bmatrix} J_1 & & & 0 \\ & J_2 & & \\ & & \ddots & \\ 0 & & & J_r \end{bmatrix}, \quad J_k=\underbrace{\begin{bmatrix} \lambda_k & 1 & & 0 \\ & \ddots & \ddots & \\ & & \ddots & 1 \\ 0 & & & \lambda_k \end{bmatrix}}_{n_k \text{列}} \Bigg\} n_k \text{行},$$

$$n_1+\cdots+n_r=n$$

に直す. λ_k はもちろん A の固有値である. これで問題は e^{tJ} の計算に帰着さ

れる．

この場合，λ_k の中に複素数があるときは，P は複素数を要素とする行列となるので，(1.15) の y は一般には複素数の成分を含む．しかし今まで述べて来た諸定理は未知関数が複素数値をとる微分方程式についても同様に成り立つ．実際そのような方程式は実部と虚部とを分離することにより，すでに述べた形の方程式に帰着されるからである．

$$J^m = \begin{bmatrix} J_1{}^m & & 0 \\ & \ddots & \\ 0 & & J_r{}^m \end{bmatrix}$$

であるから

$$e^{tJ} = \sum \frac{t^m J^m}{m!} = \begin{bmatrix} \sum \frac{t^m J_1{}^m}{m!} & & 0 \\ & \ddots & \\ 0 & & \sum \frac{t^m J_r{}^m}{m!} \end{bmatrix} = \begin{bmatrix} e^{tJ_1} & & 0 \\ & \ddots & \\ 0 & & e^{tJ_r} \end{bmatrix}.$$

したがって e^{tJ_k} が計算できればよい．

$$J_k = \lambda_k E_k + \Delta_k$$

と書き直す．ただし E_k は n_k 次の単位行列で

$$\Delta_k = \underbrace{\begin{bmatrix} 0 & 1 & & 0 \\ & \ddots & \ddots & \\ & & \ddots & 1 \\ 0 & & & 0 \end{bmatrix}}_{n_k \text{ 列}} \Bigg\} n_k \text{ 行}$$

である．

$\lambda_k E_k$ と Δ_k とは可換であるから，補題1.2により

$$e^{tJ_k} = e^{t\lambda_k E_k} e^{t\Delta_k}.$$

直ちにわかるように

$$e^{t\lambda_k E_k} = e^{t\lambda_k} E_k.$$

また $m \geqq n_k$ ならば $\Delta_k{}^m = 0$ であるから

$$e^{t\Delta_k} = E_k + \frac{t\Delta_k}{1!} + \cdots + \frac{t^{n_k-1}\Delta_k{}^{n_k-1}}{(n_k-1)!}$$

であることに注意すれば

$$(1.16)\qquad e^{tJ_k}=e^{t\lambda_k}\begin{bmatrix} 1 & \frac{t}{1!} & \frac{t^2}{2!} & \cdots & \frac{t^{n_k-1}}{(n_k-1)!} \\ & 1 & \frac{t}{1!} & & \cdots\cdots \\ & & & \ddots & \\ 0 & & & & 1 \end{bmatrix}.$$

(1.15)の基本行列 e^{tJ} は(1.16)の形の小行列を主対角線に沿ってならべたものであり，(1.14)の基本行列はそれに左から P を掛けたものである．

したがって(1.14)の基本行列の列ベクトルは，それぞれ n_1 個, n_2 個, …, n_r 個から成る r 個のグループに分けられ，その各グループに属する列ベクトルの成分は

第1グループ: $e^{t\lambda_1}\times$(t の高々 n_1-1 次の多項式),

第2グループ: $e^{t\lambda_2}\times$(t の高々 n_2-1 次の多項式),

……………

第 r グループ: $e^{t\lambda_r}\times$(t の高々 n_r-1 次の多項式)

となる．この形からみて，$\mathrm{Re}\,\lambda_k\neq 0$ ならば，それに相当するグループに属する解の $t\to\pm\infty$ における行動は $e^{t\lambda_k}$ によってほぼ決定されることがわかる．すなわち第 k グループに属する任意の解を $\varphi(t)$ とするとき

$$\mathrm{Re}\,\lambda_k>0 \quad \text{ならば}\quad \lim_{t\to\infty}\|\varphi(t)\|=\infty,\quad \lim_{t\to-\infty}\|\varphi(t)\|=0,$$

$$\mathrm{Re}\,\lambda_k<0 \quad \text{ならば}\quad \lim_{t\to\infty}\|\varphi(t)\|=0,\quad \lim_{t\to-\infty}\|\varphi(t)\|=\infty.$$

この事実は後に解の安定性をしらべるときに有効に利用される．

§1.4　周期関数を係数とする線型方程式

同次線型方程式

$$(1.17)\qquad \frac{dx}{dt}=A(t)x$$

において $A(t)$ が t の周期関数

$$(1.18)\qquad A(t+\omega)=A(t),\qquad \omega>0$$

である場合を考える．

まず次の補題からはじめよう．

補題 1.3 n 次正方行列

$$M=\begin{bmatrix}\mu & 1 & & 0\\ & \mu & \ddots & \\ & & \ddots & 1\\ 0 & & & \mu\end{bmatrix}$$

において $\mu\neq 0$ ならば，$e^N=M$ となるような行列 N が存在する.

証明 まず $|z|<1$ ならば無限級数

$$s=z-\frac{z^2}{2}+\frac{z^3}{3}-\cdots$$

は収束して $\log(1+z)$ を表すことに注意する．すなわち

$$e^s=1+\frac{s}{1!}+\frac{s^2}{2!}+\cdots=1+z.$$

ところで s^k は z^k からはじまるベキ級数であるから

$$\left(1+\frac{s}{1!}+\frac{s^2}{2!}+\cdots+\frac{s^{n-1}}{(n-1)!}\right)-(1+z)$$

は z^n からはじまるベキ級数である.

いま($\mu\neq 0$ であるから)

$$D=\begin{bmatrix}0 & 1/\mu & & 0\\ & 0 & \ddots & \\ & & \ddots & 1/\mu\\ 0 & & & 0\end{bmatrix}$$

とおいて無限級数

$$\sigma=D-\frac{D^2}{2}+\frac{D^3}{3}-\cdots \tag{1.19}$$

を考える．ところが $m\geqq n$ ならば $D^m=0$ であるから，この級数は実は D^{n-1} の所で切れる多項式であって，したがってはっきりした意味をもつ．そこで

$$e^\sigma=E+\frac{\sigma}{1!}+\frac{\sigma^2}{2!}+\cdots$$

を考え，σ に(1.19)を代入して D のベキで整理してみる．この計算は上で s について行ったものと全く同じであるから

$$\left(E+\frac{\sigma}{1!}+\frac{\sigma^2}{2!}+\cdots+\frac{\sigma^{n-1}}{(n-1)!}\right)-(E+D)$$

は D^n からはじまる D のベキ級数になる．ところが $m \geqq n$ ならば $D^m=0$ であるから，これは実は 0 に等しく，

$$E+\frac{\sigma}{1!}+\frac{\sigma^2}{2!}+\cdots+\frac{\sigma^{n-1}}{(n-1)!} = E+D.$$

一方 σ^k は D^k からはじまる D のベキ級数(実は多項式)であるから $m \geqq n$ ならば $\sigma^m=0$. したがって

$$e^{\sigma} = E+\frac{\sigma}{1!}+\frac{\sigma^2}{2!}+\cdots+\frac{\sigma^{n-1}}{(n-1)!}.$$

これから

$$e^{\sigma} = E+D$$

を得る．いま

$$N = \log\mu\cdot E+\sigma$$

とおけば($\log\mu$ の値は $2\pi i$ の整数倍だけの不定性があるが，ここではそのうちの任意の一つをとればよい)，$\log\mu\cdot E$ と σ とは可換であるから

$$\begin{aligned} e^N &= e^{\log\mu\cdot E}e^{\sigma} = e^{\log\mu}E(E+D) \\ &= \mu(E+D) \\ &= \begin{bmatrix} \mu & 1 & & 0 \\ & \ddots & \ddots & \\ & & \ddots & 1 \\ 0 & & & \mu \end{bmatrix} = M. \end{aligned}$$

この結果から次の系が得られる．

補題 1.3 の系　M が Jordan の標準形をもった行列で $|M|\neq 0$ ならば，$e^N=M$ となる行列 N が存在する．

証明　M は Jordan の標準形であるから，次のように書かれる．

$$M = \begin{bmatrix} M_1 & & 0 \\ & \ddots & \\ 0 & & M_r \end{bmatrix}, \qquad M_k = \begin{bmatrix} \mu_k & 1 & & 0 \\ & \ddots & \ddots & \\ & & \ddots & 1 \\ 0 & & & \mu_k \end{bmatrix}.$$

$|M|\neq 0$ であるから $\mu_k\neq 0$. ゆえに補題により $e^{N_k}=M_k$ となる行列 N_k が存在する．そして

$$N=\begin{bmatrix} N_1 & & 0 \\ & \ddots & \\ 0 & & N_r \end{bmatrix}$$

が求めるものである. ▌

補題1.3における N のつくり方から, 各 N_k は主対角線上に $\log\mu_k$ がならび, それより下側の要素はすべて0であるような三角行列であることがわかる.

定理 1.16 (1.17)の基本行列として次の形のものをとることができる.

$$\Phi(t)=F(t)e^{t\Lambda}.$$

ただし $F(t)$ は n 次の正方行列で $F(t+\omega)=F(t)$, Λ は定数を要素とする n 次の正方行列である(**Floquet の定理**).

証明 (1.17)の任意の基本行列を $\Phi(t)$ とすれば

$$\frac{d\Phi(t)}{dt}=A(t)\Phi(t).$$

ここで t を $t+\omega$ でおきかえ,

$$A(t+\omega)=A(t),\qquad \frac{d(t+\omega)}{dt}=1$$

に注意すれば

$$\frac{d\Phi(t+\omega)}{dt}=A(t)\Phi(t+\omega).$$

$|\Phi(t)|\neq 0$ であるから $|\Phi(t+\omega)|\neq 0$ で, したがって $\Phi(t+\omega)$ も基本行列である. ゆえに定理1.11により, 正則な定数行列 M が存在して

$$\Phi(t+\omega)=\Phi(t)M. \tag{1.20}$$

P を正則な定数行列として, $\Phi(t)$ のかわりに基本行列 $\Psi(t)=\Phi(t)P$ を考えれば

$$\Psi(t+\omega)=\Phi(t+\omega)P=\Phi(t)MP=\Psi(t)P^{-1}MP.$$

すなわち(1.20)の M に相当する部分が, $\Psi(t)$ に対しては $P^{-1}MP$ でおきかわる. P を適当にえらべば $P^{-1}MP$ を Jordan の標準形にすることができるから, 基本行列としてはじめからそのようなものをとっておけば, (1.20)において M は Jordan の標準形であると仮定しても一般性は失われない.

$|M|\neq 0$ であるから, 補題1.3の系により $e^N=M$ となるような行列 N が存在する.

$$\frac{1}{\omega}N = \varLambda$$

として，

$$\varPhi(t)e^{-t\varLambda} = F(t) \quad \text{すなわち} \quad \varPhi(t) = F(t)e^{t\varLambda}$$

とおく．

$$\begin{aligned}\varPhi(t+\omega) &= F(t+\omega)e^{(t+\omega)\varLambda} = F(t+\omega)e^{t\varLambda}e^{\omega\varLambda} \\ &= F(t+\omega)e^{t\varLambda}e^{N} = F(t+\omega)e^{t\varLambda}M.\end{aligned}$$

一方(1. 20)から

$$\varPhi(t+\omega) = \varPhi(t)M = F(t)e^{t\varLambda}M.$$

これらを比べて

$$F(t+\omega) = F(t)$$

を得る．▌

補題1. 3の系の後で注意したことから，$\varLambda$ は次のような形をもっていることがわかる：

$$M = \begin{bmatrix} M_1 & & 0 \\ & \ddots & \\ 0 & & M_r \end{bmatrix}, \quad M_k = \begin{bmatrix} \mu_k & 1 & & 0 \\ & \ddots & \ddots & \\ & & \ddots & 1 \\ 0 & & & \mu_k \end{bmatrix}$$

ならば

$$\varLambda = \begin{bmatrix} \varLambda_1 & & 0 \\ & \ddots & \\ 0 & & \varLambda_r \end{bmatrix}, \quad \varLambda_k = \begin{bmatrix} \lambda_k & \cdots\cdots \\ & \ddots & \vdots \\ 0 & & \lambda_k \end{bmatrix}, \quad \lambda_k = \frac{1}{\omega}\log \mu_k.$$

$\varLambda$ の固有値である $\lambda_1, \cdots, \lambda_r$ を方程式(1. 17)の**特性指数**とよぶ．

以上のことから $\varPhi(t)$ の列ベクトルは

$$e^{t\lambda_k} \times (t\ \text{の周期関数を係数とする}\ t\ \text{の多項式})$$

という形をもっていることがわかる．したがって，A が定数であった場合と同じく $t\to\infty$ における解の行動は，$\mathrm{Re}\,\lambda_k$ の符号によって概ね決定されることがわかる．しかしながら，A が定数である場合と異なり，特性指数 λ_k を具体的に求める一般的な方法はわかっていない．

$$\varPhi(t) = F(t)e^{t\varLambda}$$

の両辺を t で微分すると

$$\frac{d\Phi(t)}{dt} = \frac{dF(t)}{at}e^{t\Lambda}+F(t)\Lambda e^{t\Lambda}.$$

一方

$$\frac{d\Phi(t)}{dt} = A(t)\Phi(t) = A(t)F(t)e^{t\Lambda}$$

であるから，これらを比べて

(1.21) $$\frac{dF(t)}{dt} = A(t)F(t)-F(t)\Lambda.$$

これが $F(t)$ の満たす微分方程式である．

また，(1.17) において

(1.22) $$x = F(t)y$$

とおいて，変数を y に変換すると

$$\frac{dx}{dt} = \frac{dF}{dt}y+F\frac{dy}{dt} = (AF-F\Lambda)y+F\frac{dy}{dt} = Ax = AFy.$$

ゆえに

(1.23) $$\frac{dy}{dt} = \Lambda y.$$

すなわち(1.17)は線型変換(1.22)によって，定数係数の方程式(1.23)に変換される．このことを定理として述べておこう．

定理 1.17　周期関数を係数とする線型方程式(1.17)は，同じ周期をもつ周期関数を要素とする正則な行列による線型変換で，定数係数の線型方程式に変換することができる．——

問　　題

1　次の微分方程式の解で，$t=0$ で $x_1=1$，$x_2=0$ となるものを求めよ．

(i) $\dfrac{dx_1}{dt} = x_1-x_2$，　$\dfrac{dx_2}{dt} = x_1+x_2$．

(ii) $\dfrac{dx_1}{dt} = x_1+3x_2$，　$\dfrac{dx_2}{dt} = 3x_1+x_2+t$．

2　微分方程式

(*) $$\frac{d^n x}{dt^n}+p_1(t)\frac{d^{n-1}x}{dt^{n-1}}+\cdots+p_n(t)x = q(t)$$

は **n 階単独線型微分方程式**とよばれ，$q\equiv 0$ のとき**同次**，そうでないとき**非同次**であるという．これに対し本文で述べた形の線型方程式を **n 連立1階線型微分方程式**，あるいは**線型微分方程式系**とよぶ．

(i)　(＊)は，

$$x=x_1,\quad \frac{dx}{dt}=x_2,\quad \cdots,\quad \frac{d^{n-1}x}{dt^{n-1}}=x_n$$

とおくことにより，n 連立1階線型微分方程式に直せることを示せ．

(ii)　(＊)の n 組の解 $x^1(t),\cdots,x^n(t)$ があるとき，

$$W(x^1(t),\cdots,x^n(t))=\begin{vmatrix} x^1(t) & \cdots & x^n(t) \\ \dfrac{dx^1(t)}{dt} & & \dfrac{dx^n(t)}{dt} \\ \vdots & & \vdots \\ \dfrac{d^{n-1}x^1(t)}{dt^{n-1}} & \cdots & \dfrac{d^{n-1}x^n(t)}{dt^{n-1}} \end{vmatrix}$$

を，これらの解の Wronski の行列式という．

$$W(x^1(t),\cdots,x^n(t))=W(x^1(t_0),\cdots,x^n(t_0))\exp\left(-\int_{t_0}^{t}p_1(\tau)\,d\tau\right)$$

であることを示せ．

3　微分方程式

$$\frac{d^2x}{dt^2}+p_1(t)\frac{dx}{dt}+p_2(t)x=0$$

の解で

$$t=t_0\ \text{で}\ x=1,\ dx/dt=0\ \text{となるものを}\ x^1(t),$$
$$t=t_0\ \text{で}\ x=0,\ dx/dt=1\ \text{となるものを}\ x^2(t)$$

とする．このとき，微分方程式

$$\frac{d^2x}{dt^2}+p_1(t)\frac{dx}{dt}+p_2(t)x=q(t)$$

の解で，$t=t_0$ で $x=x_0$，$dx/dt=x_0'$ となるものは

$$x=x_0x^1(t)+x_0'x^2(t)+\int_{t_0}^{t}\exp\left(\int_{t_0}^{\tau}p(s)\,ds\right)\cdot(x^1(\tau)x^2(t)-x^1(t)x^2(\tau))\,q(\tau)\,d\tau$$

であることを定理1.13を用いて証明せよ．

4　問題3の結果を用いて

$$\frac{d^2x}{dt^2}+x=A\sin\omega t\qquad (A,\ \omega\ \text{は正の定数})$$

の解で，$t=0$ のとき $x=0$，$dx/dt=1$ となるものを求めよ．

5　微分方程式

$$\frac{dx}{dt}=A(t)x$$

の基本行列を $\Phi(t)$ とし，$H(t,s)=\Phi(t)\Phi^{-1}(s)$ とするとき，次のことを証明せよ．

(i)　$H(t,s)$ は基本行列のとり方に無関係である．

(ii)　$H(t,t)=E,\quad \{H(t,s)\}^{-1}=H(s,t),\quad H(t,\tau)H(\tau,s)=H(t,s).$

(iii)　$x(t)$ が解ならば $x(t)=H(t,s)x(s)$．

6　問題5において $A(t+\omega)=A(t)$ とし，また

$$\Phi(t+\omega)=\Phi(t)M$$

とする．このとき次のことを証明せよ．

(i)　$H(t+\omega,s+\omega)=H(t,s)$．

(ii)　$x(t)$ を任意の解とすれば $x(t+k\omega)$ (k は任意の整数) もまた解である．

(iii)　$x(t)=\Phi(t)c$ と書き，$x(t)$ に定数ベクトル c を対応させることにより，解全体の集合 S は $\boldsymbol{R}^n$ に線型に写像される．このとき $x(t+k\omega)$ (k は任意の整数) は $M^k c$ に写像される．

(iv)　$|M|=\exp\left(\int_0^\omega \mathrm{tr}\,A(\tau)\,d\tau\right)$.

第2章　安　定　性

§2.1　安定性の定義

微分方程式

$$\frac{dx}{dt}=F(x,t) \tag{2.1}$$

において $F(x,t)$ は $\boldsymbol{R}^n\times\boldsymbol{R}^1$ の開集合 G において連続で，x については連続微分可能とする．したがって初期値問題の解はつねにただ一つ存在する．

(2.1)が何等かの物理現象を記述していると考えてみよう．たとえば(2.1)は物体の運動を表す方程式で，x は物体の位置を定める変数であり，t は時間であるとする．x の時間的変化，すなわち運動は(2.1)の解として与えられる．

(2.1)の一つの解 $x=\psi(t)$ をとろう．これは物理的には運動の軌道のうちの一つである．この軌道上を運動している物体に何かの影響が外から加えられて，その運動が瞬間的にわずかばかり乱されたとする．その場合物体の位置は，はじめの軌道からはずれて近くにある別の軌道の上に移ってしまうことがあり得る．その時，それ以後の物体の運動はどうなるかを考えてみると，大ざっぱにいって次の二つの場合が考えられるであろう．

(1)　乱され方が十分小さければ，やはりはじめの軌道に近い運動をする．

(2)　乱され方がいくら小さくても，後の軌道ははじめの軌道の近くにはとどまらず，運動の様子は全く変化してしまう．

(1)の場合にはじめの軌道は安定であるという．

ある軌道が安定かどうかをしらべることは物理的に，というよりも数学が応用されるあらゆる分野において重要な問題である．この問題をしらべるのが安定性の理論である．

まず(2.1)の解の安定性を次のように定式化してみよう．

$x=\psi(t)$ を(2.1)の一つの解とし，その定義域を (α,ω) とするとき，$\omega=\infty$ であるとする．また $(\xi,\tau)\in G$ を通る(2.1)の解を

$$x=\varphi(\xi,\tau\,;t)$$

で表す.

定義 2.1 τ および $\varepsilon>0$ を任意に与えたとき，$\delta>0$ がそれに応じて定まって

$$\|\xi-\psi(\tau)\|<\delta$$

ならば $t\geqq\tau$ において

$$\|\varphi(\xi,\tau\,;t)-\psi(t)\|<\varepsilon$$

が成り立つとき，解 $x=\psi(t)$ は**安定**であるという. ——

定義 2.2 $x=\psi(t)$ が安定であって，さらに τ を任意に与えたとき，それに応じて適当に $\zeta>0$ をえらべば

$$\|\xi-\psi(\tau)\|<\zeta$$

であるような ξ に対し

$$\lim_{t\to\infty}\|\varphi(\xi,\tau\,;t)-\psi(t)\|=0$$

となるとき，解 $x=\psi(t)$ は**漸近安定**であるという. ——

例 2.1 微分方程式

$$\frac{dx_1}{dt}=x_2,\qquad \frac{dx_2}{dt}=-x_1$$

は $x=0$ を解にもつ. $\psi(t)$ としてこれをとる. $t=\tau$ で $x_1=\xi_1$, $x_2=\xi_2$ となる解 $\varphi(\xi,\tau\,;t)$ は

$$x_1=\xi_1\cos(t-\tau)+\xi_2\sin(t-\tau),$$
$$x_2=-\xi_1\sin(t-\tau)+\xi_2\cos(t-\tau)$$

であるから

$$\|\varphi(\xi,\tau\,;t)-\psi(t)\|=\|\varphi(\xi,\tau\,;t)\|=\|\xi\|=\|\xi-\psi(\tau)\|.$$

したがって $\varepsilon>0$ に対して $\delta=\varepsilon$ ととれば，$\|\xi-\psi(\tau)\|<\delta$ のとき

$$\|\varphi(\xi,\tau\,;t)-\psi(t)\|<\varepsilon,\qquad t\geqq\tau$$

が成り立つ. ゆえに $x=0$ は安定な解である. しかし

$$\lim_{t\to\infty}\|\varphi(\xi,\tau\,;t)-\psi(t)\|=\|\xi\|$$

であるから，漸近安定ではない. ——

例 2.2 微分方程式

$$\frac{dx_1}{dt}=-x_1,\qquad \frac{dx_2}{dt}=-x_2$$

もやはり $x=0$ を解にもつ．これを $\psi(t)$ とする．$t=\tau$ で $x_1=\xi_1$, $x_2=\xi_2$ となる解 $\varphi(\xi,\tau;t)$ は

$$x_1=\xi_1 e^{\tau-t}, \qquad x_2=\xi_2 e^{\tau-t}.$$

ゆえに

$$\|\varphi(\xi,\tau;t)-\psi(t)\|=\|\xi\|e^{\tau-t}.$$

$t\geqq\tau$ ならば $e^{\tau-t}\leqq 1$ であるから，$\delta=\varepsilon/2$ とすれば，$\|\xi\|<\delta$ のとき

$$\|\varphi(\xi,\tau;t)-\psi(t)\|<\varepsilon, \qquad t\geqq\tau.$$

すなわち $x=0$ は安定である．さらに

$$\lim_{t\to\infty}\|\varphi(\xi,\tau;t)-\psi(t)\|=\lim_{t\to\infty}\|\xi\|e^{\tau-t}=0$$

であるから，この解は漸近安定でもある．——

以上二つの例では δ は ε にだけ関係して，τ には無関係にえらべた．しかし δ は一般には ε と τ との両方に関係する．それは次の例からわかる．

例 2.3 微分方程式

$$\frac{dx}{dt}=-2tx$$

を考えよう ($x\in \boldsymbol{R}^1$)．$x=0$ はやはり解であって，これを $\psi(t)$ とする．(ξ,τ) を通る解は

$$x=\varphi(\xi,\tau;t)=\xi e^{\tau^2}e^{-t^2}$$

であって

$$\|\varphi(\xi,\tau;t)-\psi(t)\|=\|\xi\|e^{\tau^2}e^{-t^2}.$$

これは $t=0$ で最大値 $\|\xi\|e^{\tau^2}$ をとるから，$\tau<0$ ならば $t\geqq\tau$ で

$$\|\varphi(\xi,\tau;t)-\psi(t)\|<\varepsilon$$

となるためには

$$\|\xi\|e^{\tau^2}<\varepsilon \quad \text{すなわち} \quad \|\xi\|<\varepsilon e^{-\tau^2}$$

でなければならない．したがって δ としては $\varepsilon e^{-\tau^2}$ より大きくない任意の正の数をとればよいのであるが，$\tau\to-\infty$ のとき $\varepsilon e^{-\tau^2}\to 0$ となるので，τ の値に無関係な δ をえらぶことはできない．——

これらの場合を区別するのが次の定義である．

定義 2.3 τ および $\varepsilon>0$ を任意に与えたとき，ε のみによって定まる $\delta>0$ が

存在して，$\|\xi-\psi(\tau)\|<\delta$ ならば

$$\|\varphi(\xi,\tau\,;t)-\psi(t)\|<\varepsilon, \qquad t\geqq\tau$$

が成り立つとき，解 $x=\psi(t)$ は**一様安定**であるという．——

このような一様性は，漸近安定の場合にも考えることができる．

漸近安定の定義の式における $\|\xi-\psi(\tau)\|<\zeta$ ならば

$$\lim_{t\to\infty}\|\varphi(\xi,\tau\,;t)-\psi(t)\|=0$$

という関係は，くわしく述べれば次のようになる．すなわち，任意に $\eta>0$ をえらんだとき，$T>0$ が定まって $t>T+\tau$ ならば

$$\|\varphi(\xi,\tau\,;t)-\psi(t)\|<\eta$$

が成り立つ．ところでこの時，T は一般に ξ,τ,η などに依存する量である．それを見るために例2.3をもう一度とりあげてみよう．この場合

$$\varphi(\xi,\tau\,;t)=\xi e^{\tau^2}e^{-t^2}$$

であるから ξ が何であっても

$$\lim_{t\to\infty}\|\varphi(\xi,\tau\,;t)-\psi(t)\|=\lim_{t\to\infty}\|\xi\|e^{\tau^2}e^{-t^2}=0$$

となるから $x=0$ は漸近安定で，しかも定義2.2における ζ としては何をとってもよい．簡単のために $\zeta=1$ としておけば，$\eta>0$ に対して

$$\|\xi\|e^{\tau^2}e^{-t^2}<\eta, \qquad \|\xi\|<1$$

となるには

$$e^{t^2}>e^{\tau^2}\eta^{-1} \quad \text{すなわち} \quad t>\sqrt{\tau^2-\log\eta}$$

でなければならないから，T としては $\sqrt{\tau^2-\log\eta}-\tau$ より大きい数をとらねばならない．ところが

$$\lim_{\tau\to-\infty}(\sqrt{\tau^2-\log\eta}-\tau)=\infty$$

であるから，T は $\tau\to-\infty$ のとき限りなく大きくなる．したがって τ に無関係に T をえらぶことはできないのである．これに対して例2.2の場合には

$$\|\varphi(\xi,\tau\,;t)-\psi(t)\|=\|\xi\|e^{\tau-t}$$

であって，この場合も ζ は何でもよいから，仮に1としておけば

$$\|\xi\|e^{\tau-t}<\eta, \qquad \|\xi\|<1$$

が成り立つためには

$$t-\tau > -\log\eta$$

であればよい．すなわち T としては τ に無関係に $-\log\eta$ をとっておけばよい．

このようなちがいを区別するのが次の定義である．

定義 2.4 解 $x=\psi(t)$ は，次の二つの条件を満たすとき**一様漸近安定**であるとよばれる．

(1) $x=\psi(t)$ は一様安定である．

(2) 任意に τ，および $\eta>0$ を与えると，τ, η に無関係な $\zeta>0$，および η のみに関係する $T>0$ が定まって，$\|\xi-\psi(\tau)\|<\zeta$，$t>\tau+T$ ならば

$$\|\varphi(\xi, \tau; t)-\psi(t)\| < \eta. \qquad ——$$

最後に次の定理を証明しておく．

定理 2.1 (2.1)において F が t を含まず，また $x=0$ が解であるとする．このとき $x=0$ は安定ならばつねに一様安定である．——

これを証明する前に，次の定理を証明する．これは微分方程式の右辺が t を含まない場合——このような方程式を**自律系**という——の，解の重要な特徴である．

定理 2.2 (2.1)において F が t を含まなければ

$$\varphi(\xi, \tau; t) = \varphi(\xi, \tau+c; t+c) \qquad (c \text{ は任意の定数}).$$

証明 この場合(2.1)は

$$\frac{dx}{dt} = F(x)$$

と書かれる．いま $x=\varphi(t)$ がこれの解であるとすると

$$\frac{d\varphi(t)}{dt} = F(\varphi(t))$$

ここで t を $t+c$ (cは任意の定数) でおきかえれば

$$\frac{d\varphi(t+c)}{d(t+c)} = \frac{d\varphi(t+c)}{dt} = F(\varphi(t+c)).$$

これから $x=\varphi(t+c)$ もまた解であることがわかる．したがって，$x=\varphi(\xi, \tau+c; t+c)$ は解である．さらに $t=\tau$ とおけば，$x=\varphi(\xi, \tau+c; \tau+c)=\xi$ であるから，これは (ξ, τ) を通る解である．解の一意性が仮定されているから，そのような解は $x=\varphi(\xi, \tau; t)$ 以外にはなく，したがって

$$\varphi(\xi, \tau; t) = \varphi(\xi, \tau+c; t+c). \qquad \blacksquare$$

定理 2.1 の証明 $x=0$ が安定な解であるとすれば，$\tau, \varepsilon>0$ を任意に与えたとき，$\delta>0$ が存在して $\|\xi\|<\delta$ ならば

$$\|\varphi(\xi, \tau; t)\| < \varepsilon, \quad t \geqq \tau \tag{2.2}$$

が成り立つ．τ' を τ と異なる任意の数としたとき，定理2.2により

$$\varphi(\xi, \tau'; t) = \varphi(\xi, \tau; t+\tau-\tau').$$

(2.2)により

$$\|\varphi(\xi, \tau; t+\tau-\tau')\| < \varepsilon, \quad t+\tau-\tau' \geqq \tau$$

が成り立つが，これは

$$\|\varphi(\xi, \tau'; t)\| < \varepsilon, \quad t \geqq \tau'$$

という関係に他ならない．ゆえに δ は τ に無関係である．∎

なお，ここまでの議論では，すべて $t\to\infty$ の時の解の行動のみを問題としてきた．しかし $t\to-\infty$ の時の解の行動についても全く同様な問題を考えることができ，安定性を定義することができることは明らかであろう．そのように考える場合には，今まで論じてきた安定性を**正の安定性**とよび，$t\to-\infty$ の向きで考えた安定性を**負の安定性**とよぶ．しかし今後は主として $t\to\infty$ の場合に限って考えるので，特に断らない限り，安定性といえば正の安定性を意味するものとする．

§2.2 零解の安定性への帰着

ひきつづき方程式(2.1):

$$\frac{dx}{dt} = F(x, t)$$

を考える．

解 $x=\psi(t)$ の安定性を考えるときには，この解の近傍にある解の行動が問題になるから

$$x = \psi(t)+y \tag{2.3}$$

とおいて変数を x から y に変換することはきわめて自然である．(2.3)を(2.1)に代入し，

$$\frac{d\psi}{dt} = F(\psi(t), t)$$

であることを用いれば，y の満たす微分方程式は

$$\frac{dy}{dt} = F(\psi(t)+y,t)-F(\psi(t),t)$$

となる．F は x について連続微分可能と仮定しているから，行列

$$\begin{bmatrix} \dfrac{\partial F_1}{\partial x_1} & \dfrac{\partial F_1}{\partial x_2} & \cdots & \dfrac{\partial F_1}{\partial x_n} \\ & \cdots\cdots & & \\ \dfrac{\partial F_n}{\partial x_1} & \dfrac{\partial F_n}{\partial x_2} & \cdots & \dfrac{\partial F_n}{\partial x_n} \end{bmatrix}$$

を $F_x(x,t)$ と書くならば，方程式は

$$\frac{dy}{dt} = F_x(\psi(t),t)y+f(y,t) \tag{2.4}$$

のようになる．ここに $f(y,t)$ は

$$\lim_{y\to 0}\frac{\|f(y,t)\|}{\|y\|} = 0$$

となるような関数である．この性質を Landau の記号を用いて

$$\|f(y,t)\| = o(\|y\|)$$

と書くことにする．

(2.3)からわかるように(2.4)は $y=0$ を解にもち，これが(2.1)の解 $x=\psi(t)$ に対応する．そして $x=\psi(t)$ の安定性をしらべることは(2.4)の解 $y=0$ の安定性をしらべることに帰着される．このように恒等的に0に等しい解を**零解**とよぶ．

$\|y\|$ が十分小さいときには，($\|f(y,t)\|=o(\|y\|)$ であるから)(2.4)において第2項 $f(y,t)$ は第1項 F_xy に比べて小さいと考えられる．そこで第2項を無視した方程式

$$\frac{dy}{dt} = F_x(\psi(t),t)y \tag{2.5}$$

は，いわば(2.4)の1次近似の方程式とも考えられる．これを**変分方程式**とよぶ．変分方程式は線型であるから(2.4)そのものに比べればはるかにしらべやすい．できるならば(2.5)の零解の安定性から，(2.4)の零解の安定性が結論できることが望ましいのであるが，ある種の条件が満たされているときには，実際これが可能である．

これで(2.1)の解の安定性の問題は(2.4)の零解の安定性の問題に帰着される

ことがわかったので，われわれは今後は(2.4)を考察の対象にする．そこで変数 y をあらためて x にもどし，方程式(2.4)を

$$\frac{dx}{dt}=A(t)x+f(x,t) \tag{2.6}$$

と書き直しておく．ただし $A(t)$ は n 次正方行列で

$$\|f(x,t)\|=o(\|x\|) \qquad (x\to 0).$$

§2.3 線型方程式の零解の安定性

(2.6)の形の方程式でいちばん簡単なのは，もちろん $f(x,t)=0$ の場合である．この時(2.6)は線型方程式

$$\frac{dx}{dt}=A(t)x \tag{2.7}$$

になる．この場合をまずとりあげよう．

最初に次のような記号を導入しておく．

A を n 次の正方行列とするとき，x が $\boldsymbol{R}^n-\{0\}$ 全体をうごいたときの $\|Ax\|/\|x\|$ の上限を $\|A\|$ で表すことにする．A の成分を a_{ik} とすれば，Ax の第 i 成分は

$$\sum_{k=1}^{n}a_{ik}x_k$$

であるから

$$\max_{i,k}|a_{ik}|=a$$

とおけば

$$\|Ax\|\leqq a\sqrt{n|\sum x_k|^2}.$$

ところが簡単な計算により

$$|\sum x_k|^2\leqq n\|x\|^2$$

であることが示されるから

$$\|Ax\|\leqq na\|x\| \quad すなわち \quad \frac{\|Ax\|}{\|x\|}\leqq na.$$

これから

$$\|A\|\leqq na=n\max_{i,k}|a_{ik}|$$

を得る．たとえば a_{ik} が t の関数である場合，$|a_{ik}|$ がすべてある t の範囲で有

界ならば，上式から $\|A\|$ も同じ範囲で有界であることがわかる．また，定義から明らかなように，すべての $x \in \boldsymbol{R}^n$ に対し

$$\|Ax\| \leqq \|A\| \cdot \|x\|$$

が成り立つ．

さて線型方程式の零解について，まず次の定理を証明しよう．

定理 2.3 線型方程式(2.7)の零解が安定である必要十分条件は，そのすべての解が $t \to \infty$ で有界なことである．

証明 零解が安定ならば，τ および $\varepsilon > 0$ を任意に与えたとき $\delta > 0$ が存在して $\|x(\tau)\| < \delta$ であるような解 $x(t)$ は次の不等式を満たす．

$$\|x(t)\| < \varepsilon, \qquad t \geqq \tau.$$

そこで $x = \varphi(t)$ を任意の解とし，正の数 c を

$$\|c\varphi(\tau)\| = c\|\varphi(\tau)\| < \delta$$

となるようにえらべば，$c\varphi(t)$ も解であるから

$$\|c\varphi(t)\| = c\|\varphi(t)\| < \varepsilon, \qquad t \geqq \tau$$

が成り立つ．ゆえに

$$\|\varphi(t)\| < \frac{\varepsilon}{c}, \qquad t \geqq \tau$$

で，$\varphi(t)$ は $t \to \infty$ で有界である．

逆にすべての解の有界性を仮定しよう．$\Phi(t)$ を(2.7)の基本行列とすれば，$t = \tau$ で $x = \xi$ となる解は

$$x = \Phi(t)\Phi^{-1}(\tau)\xi$$

と書かれる(定理 1.12)．$\Phi(t)$ の各列はそれぞれ解であるから，有界性の仮定により，$\Phi(t)$ の要素はすべて $t \geqq \tau$ で有界であり，したがって $\|\Phi(t)\|$ も同じ範囲で有界である．そこで

$$\|\Phi(t)\| < M, \qquad t \geqq \tau$$

とすれば

$$\|x\| < M\|\Phi^{-1}(\tau)\xi\| \leqq M\|\Phi^{-1}(\tau)\| \cdot \|\xi\|.$$

そこで $\varepsilon > 0$ を任意に与えたとき，$\delta > 0$ を

$$\delta < \frac{\varepsilon}{M\|\Phi^{-1}(\tau)\|}$$

となるようにえらべば，$\|\xi\|<\delta$ のとき

$$\|x\| < M\|\Phi^{-1}(\tau)\|\delta < \varepsilon, \qquad t \geqq \tau$$

が成り立つ．ゆえに零解は安定である．▌

(2.7)の解は1次独立な n 組の解の線型結合として表せるから，すべての解が有界なことをいうには，1次独立な n 組の有界な解の存在を示せばよいことに注意しておく．

(2.7)において $A(t)$ が定数行列である場合には，§1.3で示したように，A の固有値を $\lambda_1, \cdots, \lambda_r$ とすれば，1次独立な n 組の解として，その成分が

$$e^{t\lambda_k}\times(t \text{ の多項式}) \tag{2.8}$$

のように書けるものをとることができる．もし

$$\operatorname{Re}\lambda_k < 0, \qquad k=1, \cdots, r$$

ならば，これらの解は $t\to\infty$ のときすべて有界であるから，(2.7)の零解は安定である．しかもこのときは

$$\lim_{t\to\infty} e^{t\lambda_k}\times(t \text{ の多項式}) = 0$$

であるから，それは同時に漸近安定でもある．したがって次の定理を得る．

定理 2.4　$A(t)$ が定数行列で，その固有値の実部がすべて負ならば，零解は漸近安定である．——

しかし，この場合零解はもっと強い安定性をもっていることが証明できる．まず次の定義からはじめよう．

定義 2.5　微分方程式

$$\frac{dx}{dt} = F(x, t) \tag{2.9}$$

が $x=0$ を解にもつとする．正の数 λ が存在して，τ および $\varepsilon>0$ を任意に与えたとき，ε のみに依存する $\delta>0$ が定まり，$\|x(\tau)\|<\delta$ である解 $x(t)$ がすべて不等式

$$\|x(t)\| < \varepsilon e^{-\lambda(t-\tau)}, \qquad t \geqq \tau \tag{2.10}$$

を満たすならば，零解は**指数漸近安定**であるという．——

指数漸近安定性は非常に強い安定性である．そのことは次の定理からもわかるであろう．

定理 2.5 (2.9)の零解が指数漸近安定ならば，それは一様漸近安定である．しかし一様漸近安定であっても，指数漸近安定であるとは限らない．

証明 (2.10)から，$t \geqq \tau$ ならば当然 $\|x(t)\|<\varepsilon$ が成り立ち，さらに δ は ε だけに依存して τ によらないから，零解は一様安定である．

さらに定義 2.4 の(2)が成り立つことを示すにはまず(2.10)が成り立つように δ, ε をえらんでおけば，

$$\varepsilon e^{-\lambda(t-\tau)} < \eta$$

となるためには

$$t-\tau > T = \frac{1}{\lambda}\log\frac{\varepsilon}{\eta}$$

とすればよい．T は η のみに関係して τ によらないから(2)が成り立つ．ゆえに零解は一様漸近安定である．

逆が一般に成り立たないことを示すには，一様漸近安定で，指数漸近安定ではない例をつくればよい．

微分方程式

$$\frac{dx}{dt} = -x^3$$

の，$t=\tau$ で $x=\xi$ となる解は

$$x = \left(\frac{\xi^2}{2(t-\tau)\xi^2+1}\right)^{1/2}$$

である．$t \geqq \tau$ で $\|x\|(=|x|)<\varepsilon$ である条件は

$$\xi^2 < 2\varepsilon^2(t-\tau)\xi^2+\varepsilon^2$$

であるから，$\|\xi\|<\varepsilon$ ならば十分である．すなわち $\delta=\varepsilon$ で，τ に無関係であるから，零解は一様安定である．さらに $\eta>0$ を任意にとったとき，$\|x\|<\eta$ となる条件は，

$$t-\tau > \frac{1}{2\eta^2}-\frac{1}{2\xi^2}$$

であるから $T=1/2\eta^2$ とすれば $t>T+\tau$ のとき $\|x\|<\eta$ であり，T は η のみに依存しているから零解は一様漸近安定である．

しかしながら，$\lambda>0$ とすれば，λ が何であっても

$$|xe^{\lambda t}| = \left|\left(\frac{\xi^2}{2(t-\tau)\xi^2+1}\right)^{1/2} e^{\lambda t}\right|$$

は $t\to\infty$ のとき限りなく大きくなるから $\varepsilon>0$, $\lambda>0$ をどうえらんでも

$$|x| < \varepsilon e^{-\lambda(t-\tau)}, \quad t \geqq \tau$$

なる不等式は決して成立しない．すなわち零解は指数漸近安定ではない．▌

そこで次の定理を証明しよう．

定理 2.6 (2.7) において $A(t)$ が定数行列で，その固有値の実部がすべて負ならば，零解は指数漸近安定である．

証明 (ξ,τ) を通る解は，基本行列 $\Phi(t)$ を使って

$$x = \Phi(t)\Phi^{-1}(\tau)\xi$$

と書かれる．$\Phi(t)=e^{tA}P$ (P は正則な定数行列) と書けるから

$$\begin{aligned}\Phi(t)\Phi^{-1}(\tau) &= e^{tA}PP^{-1}e^{-\tau A}\\ &= e^{(t-\tau)A} = \Phi(t-\tau)P^{-1}\end{aligned}$$

が任意の基本行列 $\Phi(t)$ に対し成り立つ．

いま A の固有値を $\lambda_1,\cdots,\lambda_r$ とし，基本行列 $\Phi(t)$ としては (2.8) のような形の解を列ベクトルとしてもつものをえらべば，$\Phi(t)$ の要素 φ_{ij} は

$$\varphi_{ij} = e^{t\lambda_k}f_{ij} \qquad (f_{ij} \text{ は } t \text{ の多項式})$$

と書けるから

$$|\varphi_{ij}| \leqq e^{t\,\mathrm{Re}\,\lambda_k}|f_{ij}|.$$

そこで正の数 λ を

$$-\mathrm{Re}\,\lambda_k > 2\lambda, \quad k=1,\cdots,r$$

となるようにえらぶ．$\mathrm{Re}\,\lambda_k$ がすべて負と仮定しているから，これはつねに可能である．そして

$$|\varphi_{ij}| \leqq e^{t\,\mathrm{Re}\,\lambda_k}|f_{ij}| \leqq e^{-2t\lambda}|f_{ij}|.$$

ところが f_{ij} は t の多項式で $\lambda>0$ であるから $e^{-t\lambda}|f_{ij}|$ は $t\geqq 0$ において有界である．したがってすべての $i,j\ (i,j=1,\cdots,n)$ に対して

$$e^{-\lambda t}|f_{ij}| < C$$

となるような $C>0$ が存在する．そして

$$|\varphi_{ij}| < Ce^{-t\lambda}, \quad t \geqq 0.$$

ゆえに

$$\|\Phi(t)\| < nCe^{-t\lambda}, \quad t \geqq 0.$$

これから

$$\|\Phi(t)\Phi^{-1}(\tau)\| = \|\Phi(t-\tau)P^{-1}\|$$
$$\leqq \|\Phi(t-\tau)\|\cdot\|P^{-1}\| < nC\|P^{-1}\|e^{-\lambda(t-\tau)}, \qquad t \geqq \tau$$

を得る．したがって

$$\|x\| \leqq \|\Phi(t)\Phi^{-1}(\tau)\|\cdot\|\xi\| < nC\|P^{-1}\|e^{-\lambda(t-\tau)}\|\xi\|, \qquad t \geqq \tau.$$

ゆえに $\varepsilon>0$ を任意に与えたとき，$\delta>0$ を

$$nC\|P^{-1}\|\delta < \varepsilon$$

となるようにえらべば，$\|\xi\|<\delta$ のとき

$$\|x\| < \varepsilon e^{-\lambda(t-\tau)}.$$

δ は ε のみによって決まるから，零解は指数漸近安定である．∎

次に $A(t)$ が周期関数の場合，すなわち $\omega>0$ が存在して $A(t+\omega)=A(t)$ となる場合を考えよう．この場合には定理1.17により，同じ周期の周期関数を要素とする正則な行列による線型変換

(2.11) $$x = F(t)y, \qquad F(t+\omega) = F(t)$$

によって(2.7)は定数係数の方程式

(2.12) $$\frac{dy}{dt} = \Lambda y \qquad (\Lambda \text{ は定数行列})$$

に変換される．したがって Λ の固有値，すなわち(2.7)の特性指数の実部がすべて負ならば(2.12)の零解は指数漸近安定で，τ および $\varepsilon_1>0$ を任意にとるとき，ε_1 のみに依存する $\delta_1>0$ が定まり，(2.12)の解 $y(t)$ は，$\|y(\tau)\|<\delta_1$ ならば

(2.13) $$\|y(t)\| < \varepsilon_1 e^{-\lambda(t-\tau)}, \qquad \lambda > 0,\ t \geqq \tau$$

なる不等式を満たす．さて，$F(t)$, $F^{-1}(t)$ の要素はすべて周期関数で，したがって有界であるから，

$$\|F(t)\| = M < \infty, \qquad \|F^{-1}(t)\| = m < \infty.$$

これと $x=F(t)y$, $y=F^{-1}(t)x$ とから

$$\frac{1}{m}\|y\| \leqq \|x\| \leqq M\|y\|.$$

そこで，τ および $\varepsilon>0$ を任意に与えたとき，まず $\varepsilon_1=\varepsilon/M$ として，それに対して(2.13)が成り立つように $\delta_1>0$ をえらび，$\delta=\delta_1/m$ とおく．すると

$$\|x(\tau)\| < \delta \quad \text{ならば} \quad \frac{1}{m}\|y(\tau)\| \leqq \|x(\tau)\| < \delta = \frac{\delta_1}{m}$$

であるから $\|y(\tau)\|<\delta_1$. ゆえに

$$\|y(t)\| < \varepsilon_1 e^{-\lambda(t-\tau)}, \qquad t \geqq \tau$$

が成り立つ. これから

$$\|x(t)\| \leqq M\|y(t)\| < M\varepsilon_1 e^{-\lambda(t-\tau)} = \varepsilon e^{-\lambda(t-\tau)}, \qquad t \geqq \tau.$$

δ は明らかに ε だけに依存して決まるから, (2.7) の零解は指数漸近安定である. よって次の定理を得る.

定理 2.7 $A(t)$ が周期関数で, (2.7) の特性指数の実部がすべて負ならば, 零解は指数漸近安定である. ——

A が定数行列で, その固有値の実部が必ずしもすべて負でない場合, あるいは A が周期的で, 特性指数の実部が必ずしもすべて負でない場合には, 零解は一般に安定でない. 簡単のために A が定数行列の場合について考えてみよう.

A の Jordan の標準形を

$$\begin{bmatrix} J_1 & & & 0 \\ & J_2 & & \\ & & \ddots & \\ 0 & & & J_r \end{bmatrix}, \qquad J_k = \underbrace{\begin{bmatrix} \lambda_k & 1 & & 0 \\ & \ddots & \ddots & \\ & & \ddots & 1 \\ 0 & & & \lambda_k \end{bmatrix}}_{n_k \text{列}} \Big\} n_k \text{行}$$

とする. このとき (2.7) の1次独立な解として, 次のような形のものがとれることを §1.3 で示した.

第1グループ: $e^{t\lambda_1}\times$(高々 n_1-1 次の t の多項式),

第2グループ: $e^{t\lambda_2}\times$(高々 n_2-1 次の t の多項式),

……………

第 r グループ: $e^{t\lambda_r}\times$(高々 n_r-1 次の t の多項式).

そして第1グループには n_1 個, 第2グループには n_2 個, …, 第 r グループには n_r 個の独立な解が属している.

まず $\lambda_1, \cdots, \lambda_r$ の中に実部が正のものが一つでもあれば零解が安定でないことは明らかであろう. 実際, たとえば $\mathrm{Re}\,\lambda_1>0$ ならば, 第1グループに属する任意の解 $\varphi(t)$ に対し

$$\lim_{t\to\infty}\|\varphi(t)\| = \infty$$

となり, 解は $t\to\infty$ で有界でないから, 零解は安定ではない.

次に $\mathrm{Re}\,\lambda_k \leqq 0\ (k=1,\cdots,r)$ であって，しかも $\mathrm{Re}\,\lambda_k=0$ であるような固有値が実際にまじっている場合を考えよう．

話を整理するために，必要ならば固有値の番号をつけかえて，

$$\mathrm{Re}\,\lambda_k < 0, \qquad k=1,\cdots,p,$$
$$\mathrm{Re}\,\lambda_k = 0, \qquad k=p+1,\cdots,r$$

とする．$k=p+1,\cdots,r$ に対しては λ_k は純虚数または0であるから

$$\lambda_k = i\nu_k \quad (\nu_k \text{ は実数}), \qquad k=p+1,\cdots,r$$

とおく．こうすると任意の解 $\varphi(t)$ は

$$\varphi(t) = \varphi_1(t)+\varphi_2(t),$$
$$\varphi_1(t) = \sum_{k=1}^{p} e^{t\lambda_k}\times(t \text{ の多項式}),$$
$$\varphi_2(t) = \sum_{k=p+1}^{r} e^{it\nu_k}\times(t \text{ の多項式})$$

という形に書かれる．$\varphi_1(t)$ は $t\to\infty$ で有界である．しかし，$|e^{it\nu_k}|=1$ で，t の多項式は一般に $t\to\infty$ で有界ではないから，$\varphi_2(t)$ は有界ではない．したがって零解は安定ではない．

ただし，これには例外が一つだけある．それは

$$n_{p+1} = \cdots = n_r = 1$$

の場合で，この場合 $e^{it\nu_k}$ に掛かる多項式はすべて定数になり，$\varphi_2(t)$ は有界となる．したがってこのときに限り零解は安定である．

しかしこのときは

$$\lim_{t\to\infty}\|\varphi_1(t)\| = 0, \qquad \lim_{t\to\infty}\|\varphi_2(t)\| \neq 0$$

であるから，漸近安定ではない．

もっとも一般の場合，すなわち

$$\mathrm{Re}\,\lambda_k < 0, \qquad k=1,\cdots,p,$$
$$\mathrm{Re}\,\lambda_k = 0, \qquad k=p+1,\cdots,m,$$
$$\mathrm{Re}\,\lambda_k > 0, \qquad k=m+1,\cdots,r$$

の場合はすでに述べたように零解は安定ではない．しかし第1グループに属する $n_1+\cdots+n_p$ 個の独立な解の線型結合として得られる解だけを考えるならば，その中では零解は安定である．すなわち解としてそのようなものだけをえらぶ限り，

零解に十分近い点から出発する解は，$t\to\infty$ のときやはり零解の近くにとどまる．このように，解としてある特定の族に属するもののみを考えれば零解が安定性をもつ場合，零解は**条件安定**であるという．

以上述べた二つの場合，すなわち $A(t)$ が定数行列である場合と，周期的である場合とを除けば，線型方程式の場合でも安定性の判定は一般に困難である．

最後に線型方程式に対して一般に成り立つ次の定理を証明してこの節を終ろう．

定理 2.8　(2.7) において，零解が一様漸近安定ならばそれは指数漸近安定である．

証明　基本行列を $\Phi(t)$ とすれば，τ を任意に与えたとき，任意の解 $x(t)$ は

$$x=\Phi(t)\Phi^{-1}(\tau)x(\tau)$$

と書かれる．零解が一様漸近安定であるから，

(1)　任意の τ および $\varepsilon>0$ に対し，ε のみに依存して定まる $\delta>0$ が存在して，$\|x(\tau)\|<\delta$ ならば

$$\|x\|=\|\Phi(t)\Phi^{-1}(\tau)x(\tau)\|<\varepsilon,\qquad t\geqq\tau.$$

(2)　任意の τ および $\eta>0$ に対し，$\zeta>0$ と，η のみに依存する $T>0$ が存在して，$\|x(\tau)\|<\zeta$ ならば，$t>\tau+T$ のとき

$$\|x\|=\|\Phi(t)\Phi^{-1}(\tau)x(\tau)\|<\eta.$$

いま $x=\varphi(t)$ を任意の解とし，$C>0$ を

$$C\|\varphi(\tau)\|=\frac{\delta}{2}$$

となるようにとる．$x=C\varphi(t)$ は (2.7) の解であって

$$\|C\varphi(\tau)\|=C\|\varphi(\tau)\|<\delta$$

であるから (1) により

$$\|C\varphi(t)\|=\|\Phi(t)\Phi^{-1}(\tau)C\varphi(\tau)\|<\varepsilon,\qquad t\geqq\tau.$$

この両辺を $C\|\varphi(\tau)\|=\delta/2$ で割れば

$$\frac{\|\Phi(t)\Phi^{-1}(\tau)\varphi(\tau)\|}{\|\varphi(\tau)\|}<\frac{2\varepsilon}{\delta},\qquad t\geqq\tau.$$

$\varphi(\tau)$ は $\boldsymbol{R}^n$ の任意のベクトルであってよいから，

$$\|\Phi(t)\Phi^{-1}(\tau)\|\leqq\frac{2\varepsilon}{\delta}=M,\qquad t\geqq\tau. \tag{2.14}$$

(2)の性質を利用して同じような議論を行えば,

$$\|\Phi(t)\Phi^{-1}(\tau)\| \leqq \frac{2\eta}{\zeta}, \qquad t > \tau + T.$$

η は任意に小さくとれるから, T をそれに応じて大きくとることにより

$$\|\Phi(t)\Phi^{-1}(\tau)\| < \frac{1}{2}, \qquad t \geqq \tau + T \tag{2.15}$$

が成り立つ.

いま $t \geqq \tau$ を任意にとると, 負でない整数 m で

$$\tau + (m+1)T > t \geqq \tau + mT$$

を満たすようなものが存在する. そして

$$\begin{aligned} &\|\Phi(t)\Phi^{-1}(\tau)\| \\ &\quad = \|\Phi(t)\Phi^{-1}(\tau+mT)\Phi(\tau+mT)\Phi^{-1}(\tau+(m-1)T)\cdots\Phi(\tau+T)\Phi^{-1}(\tau)\|. \end{aligned}$$

$\|AB\| \leqq \|A\| \cdot \|B\|$ に注意すれば

$$\begin{aligned} &\|\Phi(t)\Phi^{-1}(\tau)\| \\ &\quad \leqq \|\Phi(t)\Phi^{-1}(\tau+mT)\| \cdot \|\Phi(\tau+mT)\Phi^{-1}(\tau+(m-1)T\| \cdot \cdots \cdot \|\Phi(\tau+T)\Phi^{-1}(\tau)\|. \end{aligned}$$

(2.14)は τ の値に無関係に成り立つから, τ のかわりに $\tau+mT$ をとれば

$$\|\Phi(t)\Phi^{-1}(\tau+mT)\| \leqq M.$$

また, (2.15)も τ の値に無関係に成り立つから, τ のかわりに $\tau+(k-1)T\ (k=1,\cdots,m)$ をとり,

$$\|\Phi(\tau+kT)\Phi^{-1}(\tau+(k-1)T)\| = \|\Phi(\tau+(k-1)T+T)\Phi^{-1}(\tau+(k-1)T)\|$$

と書き直してみれば

$$\|\Phi(\tau+kT)\Phi^{-1}(\tau+(k-1)T)\| < \frac{1}{2}, \qquad k = 1, \cdots, m.$$

ゆえに

$$\begin{aligned} \|\Phi(t)\Phi^{-1}(\tau)\| < \frac{M}{2^m} = \frac{2M}{2^{m+1}} &= 2M\exp\{-(m+1)\log 2\} \\ &= 2M\exp\left\{-\frac{(m+1)T}{T}\log 2\right\}. \end{aligned}$$

$t < \tau+(m+1)T$, すなわち $t-\tau < (m+1)T$ であるから,

$$\|\Phi(t)\Phi^{-1}(\tau)\| < 2M\exp\left\{-\frac{\log 2}{T}(t-\tau)\right\}.$$

ゆえに $(\log 2)/T=\lambda$ とおけば $\lambda>0$ で

$$\|\Phi(t)\Phi^{-1}(\tau)\| < 2Me^{-\lambda(t-\tau)}, \qquad t \geqq \tau.$$

ゆえに

$$\|x\| = \|\Phi(t)\Phi^{-1}(\tau)x(\tau)\| < 2M\|x(\tau)\|e^{-\lambda(t-\tau)}, \qquad t \geqq \tau.$$

これから直ちに零解は指数漸近安定であることがわかるであろう. ▌

定理2.5で示したように，一般には指数漸近安定性は一様漸近安定性よりも強い性質である．しかし線型方程式についてはこの二つが全く同等な概念であることがこの定理によって示されたわけである．

§2.4 非線型方程式の零解の安定性 I

次により一般な方程式(2.6):

$$\frac{dx}{dt} = A(t)x+f(x,t)$$

をとりあげよう．ここに $A(t), f(x,t)$ は次の条件を満たすものとする．

(1) $A(t)$ は $\alpha<t<\infty$ において連続である．

(2) $f(x,t)$ は $\|x\|<K\,(K>0)$，$\alpha<t<\infty$ において連続，かつ x について連続微分可能である．

(3) $f(0,t)=0$，すなわち $x=0$ は解である．

(4) $x\to 0$ のとき，$\|f(x,t)\|=o(\|x\|)$．すなわち

$$\lim_{x\to 0}\frac{\|f(x,t)\|}{\|x\|} = 0.$$

目的はこの方程式の零解の安定性をしらべることである．基本的な方針は，これの第1次近似である線型方程式

$$\frac{dx}{dt} = A(t)x$$

の零解が安定である条件が同時に(2.6)の零解の安定性を保証するかどうかを検討することである．

この節では，いちばん簡単な場合として $A(t)$ が定数行列である場合を考える．したがって考える方程式は

$$\frac{dx}{dt} = Ax+f(x,t) \qquad (A\text{ は定数行列}) \tag{2.16}$$

である．まず **Gronwall の補題**とよばれる次の補題を証明しておく．

補題 2.1　$u(t), v(t)$ が $\tau \leqq t \leqq \tau + r\ (r>0)$ において連続で $u(t) \geqq 0$, $v(t) \geqq 0$, しかもその範囲で

$$u(t) \leqq C + \int_\tau^t u(s)v(s)ds \qquad (C \text{ は負でない定数})$$

が成り立てば，同じ範囲で

$$u(t) \leqq C \exp\left(\int_\tau^t v(s)ds\right)$$

である．

証明　まず $C>0$ とする．このとき条件式の右辺は正であるから

$$\frac{u(t)}{C + \int_\tau^t u(s)v(s)ds} \leqq 1.$$

両辺に $v(t)$ を掛けて τ から t まで積分すれば

$$\int_\tau^t \frac{u(t)v(t)}{C + \int_\tau^t u(s)v(s)ds} dt = \log \frac{C + \int_\tau^t u(s)v(s)ds}{C} \leqq \int_\tau^t v(s)ds.$$

ゆえに

$$C + \int_\tau^t u(s)v(s)ds \leqq C \exp\left(\int_\tau^t v(s)ds\right).$$

これと条件式とを組み合わせて

$$u(t) \leqq C \exp\left(\int_\tau^t v(s)ds\right)$$

を得る．$C=0$ のときは，$\varepsilon>0$ を任意にとれば

$$u(t) \leqq \varepsilon + \int_\tau^t u(s)v(s)ds$$

であるから，上で証明した通り

$$u(t) \leqq \varepsilon \exp\left(\int_\tau^t v(s)ds\right)$$

となる．ε は任意に小さくとってよいから

$$u(t) \leqq 0.$$

これが $C=0$ の場合の求める不等式である．($u(t)\geqq 0$ であるから，この場合は実は $u(t)=0$ である.) ▮

この補題を利用すると次の定理が証明できる．

定理 2.9　(2.16) において $\|f(x,t)\|$ は $x\to 0$ のとき，t に関して一様に $o(\|x\|)$ であるとする．このときもし A の固有値の実部がすべて負ならば，(2.16) の零解は指数漸近安定である．ただし $\|f(x,t)\|$ が t に関し一様に $o(\|x\|)$ であるとは，任意に $\varepsilon>0$ をえらぶとき，t の値にかかわらず ε のみによって決まる定数 $\delta>0$ が存在して $\|x\|<\delta$ のとき $\|f(x,t)\|/\|x\|<\varepsilon$ となることをいう．

証明　微分方程式

$$\frac{dx}{dt}=Ax$$

の基本行列を $\Phi(t)$ とする．定理 2.6 の証明の中で示したように，$M>0$, $\lambda>0$ を適当にえらぶと

$$\|\Phi(t)\Phi^{-1}(\tau)\|<Me^{-\lambda(t-\tau)},\qquad t\geqq\tau \tag{2.17}$$

が成り立つ．ε を λ より小さい任意の正の数とし，$\delta>0$ を $\|x\|<\delta$ ならば

$$\frac{\|f(x,t)\|}{\|x\|}<\frac{\varepsilon}{M}\quad \text{すなわち}\quad \|f(x,t)\|<\frac{\varepsilon}{M}\|x\| \tag{2.18}$$

となるようにえらぶ．仮定により δ は ε のみに関係し，t には関係しない．

$\tau\in \boldsymbol{R}^1$，および $\|\xi\|<\delta/M$ であるような $\xi\in\boldsymbol{R}^n$ を任意にえらび(もちろん $\alpha<\tau$, $\delta<K$, $\delta/M<K$ であるようにえらばねばならない．今後特にことわらなくともこの種の条件はつねに考慮されているものとする)，(ξ,τ) を通る (2.16) の解 $x=\varphi(t)$ を考え，これの定義域の右端を T とする．

$$\frac{d\varphi(t)}{dt}=A\varphi(t)+f(\varphi(t),t)$$

であるから，$x=\varphi(t)$ は

$$\frac{dx}{dt}=Ax+f(\varphi(t),t)$$

の (ξ,τ) を通る解であると考えられる．ところが定理 1.13 により，それは

$$x=\varphi(t)=\Phi(t)\Phi^{-1}(\tau)\xi+\int_\tau^t\Phi(t)\Phi^{-1}(s)f(\varphi(s),s)ds$$

と書かれる．ゆえに (2.17) により

$$(2.19)\qquad \|\varphi(t)\| \leqq M\|\xi\|e^{-\lambda(t-\tau)}+\int_\tau^t Me^{-\lambda(t-s)}\|f(\varphi(s),s)\|ds.$$

一般性を失うことなく $M>1$ と仮定してよいから,

$$\|\xi\| < \frac{\delta}{M} < \delta.$$

したがって, もし $[\tau, T)$ 内のある t の値に対して, $\|\varphi(t)\|>\delta$ となることがあるとすれば,

$$(2.20)\qquad \|\varphi(t)\| < \delta \quad (\tau\leqq t<t_1), \qquad \|\varphi(t_1)\| = \delta$$

であるような $t_1 \in [\tau, T)$ が存在する. ところが $\|\varphi(t)\|<\delta$ ならば(2.18)により

$$\|f(\varphi(t),t)\| < \frac{\varepsilon}{M}\|\varphi(t)\|$$

であるから, (2.19)により $\tau\leqq t<t_1$ においては

$$\|\varphi(t)\| \leqq M\|\xi\|e^{-\lambda(t-\tau)}+\int_\tau^t \varepsilon e^{-\lambda(t-s)}\|\varphi(s)\|ds$$

が成り立つ. 両辺に $e^{\lambda t}$ を掛けると

$$e^{\lambda t}\|\varphi(t)\| \leqq M\|\xi\|e^{\lambda\tau}+\int_\tau^t \varepsilon e^{\lambda s}\|\varphi(s)\|ds.$$

ここで $e^{\lambda t}\|\varphi(t)\|=u(t)$, $\varepsilon=v(t)$, $M\|\xi\|e^{\lambda\tau}=C$ とおいて補題2.1を使えば

$$e^{\lambda t}\|\varphi(t)\| \leqq M\|\xi\|e^{\lambda\tau}e^{\varepsilon(t-\tau)}.$$

すなわち, $\tau\leqq t<t_1$ に対して

$$(2.21)\qquad \|\varphi(t)\| \leqq M\|\xi\|e^{-(\lambda-\varepsilon)(t-\tau)} < \delta e^{-(\lambda-\varepsilon)(t-\tau)}.$$

ここで $t\to t_1$ とすれば $\|\varphi(t_1)\|\leqq\delta e^{-(\lambda-\varepsilon)(t_1-\tau)}$. ところが $\lambda>\varepsilon$, $t_1>\tau$ であるから $e^{-(\lambda-\varepsilon)(t_1-\tau)}<1$ で, したがって $\|\varphi(t_1)\|<\delta$ を得る. これは $\|\varphi(t_1)\|=\delta$ と矛盾する.

したがって $\tau\leqq t<T$ においてはつねに $\|\varphi(t)\|<\delta$ である. もし $T<\infty$ ならば

$$\varlimsup_{t\to T}\|\varphi(t)\| \leqq \delta < K$$

であるから $\varphi(t)$ はさらに右に延長できる. これは T が解 $\varphi(t)$ の定義域の右端であるということと矛盾する. ゆえに $T=\infty$ で, $\varphi(t)$ はすべての $t\geqq\tau$ に対して定義され, その範囲で $\|\varphi(t)\|<\delta$ が成り立つ. ところが $\|\varphi(t)\|<\delta$ ならば(2.21)が成り立つから, $\lambda-\varepsilon=\lambda_1>0$ とおけば

$$\|\varphi(t)\| \leqq M\|\xi\|e^{-\lambda_1(t-\tau)}, \qquad t \geqq \tau.$$

ゆえに零解は指数漸近安定である. ▌

この定理を利用すると $A(t)$ が定数行列ではなくても，t に関して周期的な場合には次のような安定性の判定条件が得られる．

定理 2.10　(2.6) において $A(t)$ は周期 $\omega>0$ をもつ周期関数で，$\|f(x,t)\|$ は $x\to 0$ のとき t に関して一様に $o(\|x\|)$ であるとする．このとき，微分方程式

$$\frac{dx}{dt}=A(t)x \tag{2.22}$$

の特性指数の実部がすべて負ならば，(2.6) の零解は指数漸近安定である．

証明　定理 1.17 により，周期 ω の周期関数を要素とする正則な行列 $F(t)$ が存在して，線型変換

$$x=F(t)y \tag{2.23}$$

により，(2.22) は

$$\frac{dy}{dt}=\Lambda y$$

に変換される．ここに Λ は (2.22) の特性指数を固有値にもつ定数行列である．

いま変換 (2.23) を方程式 (2.6) に対して行ってみると，y は微分方程式

$$\frac{dy}{dt}=\Lambda y+F^{-1}(t)f(F(t)y,t) \tag{2.24}$$

を満たすことが簡単な計算からわかる．$F(t)$ の要素は t の周期関数であるから $-\infty<t<\infty$ において有界で，したがって $M>0$ が存在して $\|F(t)\|<M$. ゆえに (2.24) の任意の解を $y(t)$，それに対応する (2.6) の解を $x=F(t)y$ とすれば

$$\|x\|<M\|y\|.$$

したがって (2.24) の零解が指数漸近安定なことを示せば十分である．

ところが Λ は定数行列で，その固有値，すなわち (2.22) の特性指数の実部はすべて負と仮定しているから，定理 2.9 により，$\|F^{-1}(t)f(F(t)y,t)\|$ が $y\to 0$ のとき，t に関して一様に $o(\|y\|)$ であることを示せば証明は終る．

$F^{-1}(t)$ の要素も t の周期関数であるから $\|F^{-1}(t)\|$ も有界である．したがって M を適当に大きくとっておけば

$$\|F(t)\|<M,\quad \|F^{-1}(t)\|<M$$

が成り立つ．

さて $f(x,t)$ に対する仮定から $\varepsilon>0$ を任意にとるとき，$\delta>0$ が (t と無関係に)

定まって，$\|x\|<\delta$ のとき

$$\|f(x,t)\| < \frac{\varepsilon}{M^2}\|x\|.$$

そこで $\|y\|<\delta/M$ となるように y をとれば，$\|F(t)y\|\leqq\|F(t)\|\cdot\|y\|<M\cdot(\delta/M)=\delta$ であるから

$$\|F^{-1}(t)f(F(t)y,t)\| \leqq \|F^{-1}(t)\|\cdot\|f(F(t)y,t)\|$$
$$< M\cdot\frac{\varepsilon}{M^2}\|F(t)y\| < M\cdot\frac{\varepsilon}{M^2}\cdot M\|y\| = \varepsilon\|y\|.$$

ゆえに $\|F^{-1}(t)f(F(t)y,t)\|$ は $y\to 0$ のとき，t に関して一様に $o(\|y\|)$ である．これで定理は証明された．▌

以上で述べた二つの場合は，(2.6) の 1 次近似である線型方程式の零解の安定条件がそのまま (2.6) の零解の安定条件となるいちばん典型的な例である．

§2.5　Ljapunov の方法

微分方程式

$$\frac{dx}{dt} = F(x,t) \tag{2.25}$$

において次のことを仮定する．

(1)　$F(x,t)$ は $\boldsymbol{R}^n\times\boldsymbol{R}^1$ の領域

$$D:\ \|x\| < K \quad (K>0), \qquad t > \alpha$$

において定義された $\boldsymbol{R}^n$ の値をとる連続関数で，D において，x に関し連続微分可能である．

(2)　$F(0,t)=0$，すなわち $x=0$ は (2.25) の解である．

この方程式の零解の安定性を判定するために，Ljapunov はきわめて有力な手段を考案した．これは現在 **Ljapunov の第 2 の方法**とよばれ，安定性の理論の基礎となっている．

Ljapunov の考え方はきわめて単純である．(x,t) の実数値関数 $V(x,t)$ があって，$V(x,t)=c\,(>0)$ は，各 c に対して零解をとりまくチューブ状の曲面を表し，さらに c が減少して 0 に近づくときこのチューブは次第に細くなり，$c=0$ では零解 $x=0$ に一致してしまうものとしよう．

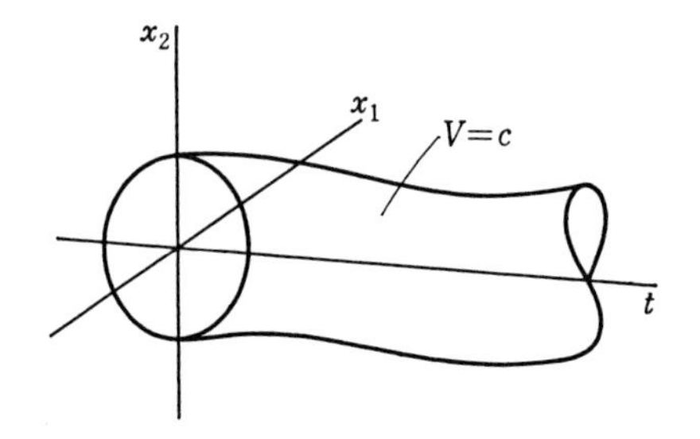

零解の近傍にある任意の解に沿って一つの点が時間とともに移動していくとき，その点における V の値が t が増すにつれて非増加ならば，解はこれらのチューブを外側に向かって切ることができないから，つねに零解の近傍にとどまり，零解は安定となる．また，もし V の値が t が増すにつれて，非増加であるのみならず実際に減少するならば，解はこれらのチューブの群の内側へ次第に入りこんで零解に限りなく近づくから，零解は漸近安定である．

したがってこのようなチューブの群を表す関数 $V(x,t)$ がもしつくれれば，それによって零解の安定性や漸近安定性の判定が可能になる．これが Ljapunov の第2の方法であり，関数 $V(x,t)$ を **Ljapunov 関数**とよぶ．

まず次の定義を与えておく．

定義 2.6　$f(x,t)$ は領域 D で定義され，実数値をとる連続微分可能な関数とする．$\|x\|<K$ で定義された x の実数値連続関数 $w(x)$ で

$$w(0)=0, \qquad w(x)>0 \quad (x\neq 0)$$

であるようなものが存在して，つねに

$$f(x,t)\geqq w(x)$$

が成り立つとき $f(x,t)$ は**正定値**であるという．

また $-f(x,t)$ が正定値であるとき $f(x,t)$ は**負定値**であるという．——

定義 2.7　関数

$$\sum_{k=1}^{n}\frac{\partial f}{\partial x_k}F_k(x,t)+\frac{\partial f}{\partial t}$$

を $\dot{f}(x,t)$ で表す．ただし $x_1,\cdots,x_n\,;F_1,\cdots,F_n$ はそれぞれ x および F の座標成分である．——

$x=\varphi(t)$ を (2.25) の解とするならば

$$\dot{f}(\varphi(t),t)=\frac{d}{dt}f(\varphi(t),t),$$

すなわち $\dot{f}$ は(2.25)の解に沿っての f の時間的変化を表す.

今後 $V(x,t)$ は領域 D 内の, $x=0$ の近傍において定義され, その定義域内において (x,t) に関し連続微分可能な, 実数値をとる正定値関数を表すものとする.

定理 2.11 次の性質をもつ Ljapunov 関数 $V(x,t)$ が存在すれば, (2.25)の零解は安定である.

(1) $V(0,t)=0$,

(2) $\dot{V}(x,t)\leqq 0$.

証明 (ξ,τ) を通る(2.25)の解を $x=\varphi(\xi,\tau;t)$ とする.

$$\dot{V}(\varphi(\xi,\tau;t),t)=\frac{d}{dt}V(\varphi(\xi,\tau;t),t)\leqq 0$$

であるから $t\geqq\tau$ ならば

$$V(\varphi(\xi,\tau;t),t)\leqq V(\varphi(\xi,\tau;\tau),\tau)=V(\xi,\tau).$$

$\varepsilon>0$ が任意に与えられたとし, コンパクトな集合 $\|x\|=\varepsilon$ を考える. $V(x,t)$ は正定値であるから, 連続関数 $w(x)$ で, $x\neq 0$ ならば $w(x)>0$, $w(0)=0$ で

$$V(x,t)\geqq w(x)$$

となるものが存在する. $w(x)$ の $\|x\|=\varepsilon$ 上での最小値を m とすれば明らかに $m>0$ で, $\|x\|=\varepsilon$ の上では

$$V(x,t)\geqq m,\qquad t\geqq\tau$$

が成り立つ.

$V(x,\tau)$ は x の連続関数で, $V(0,\tau)=0$ であるから, ε より小さい $\delta>0$ で, $\|x\|<\delta$ のとき $V(x,\tau)<m$ であるようなものが存在する. そこで ξ を $\|\xi\|<\delta$ となるようにえらべば

$$m>V(\xi,\tau)\geqq V(\varphi(\xi,\tau;t),t),\qquad t\geqq\tau.$$

ゆえに $t\geqq\tau$ では解 $\varphi(\xi,\tau;t)$ は決して集合 $\|x\|=\varepsilon$ と交わらない. ところが一方

$$\|\xi\|<\delta<\varepsilon$$

であるから,

$$\|\varphi(\xi,\tau;t)\|<\varepsilon,\qquad t\geqq\tau.$$

ゆえに零解は安定である. ▌

定理 2.12 次の性質をもつ Ljapunov 関数 $V(x,t)$ が存在すれば(2.25)の零解は一様安定である.

(1) x の実数値連続関数 $v(x)$ で, $v(0)=0$, $x\neq 0$ ならば $v(x)>0$ であるようなものが存在して $V(x,t)\leqq v(x)$.

(2) $\dot{V}(x,t)\leqq 0$.

証明 条件(1)から $V(0,t)=0$ が導かれることに注意すれば, 定理2.11と証明は全く同じである. ただしそこでは δ を定めるのに, $\|x\|<\delta$ ならば $V(x,\tau)<m$ という条件によったので, δ は一般に τ に依存する. こんどの場合は $V(x,t)\leqq v(x)$ であるから, δ は, $\|x\|<\delta$ ならば $v(x)<m$ となるように決めればよい. したがって δ は τ に関係せず ε だけによって定まる. ゆえに零解は一様安定である. ▌

定理 2.13 次の性質をもつ Ljapunov 関数 $V(x,t)$ が存在すれば(2.25)の零解は一様漸近安定である.

(1) x の実数値連続関数 $v(x)$ で, $v(0)=0$, $x\neq 0$ ならば $v(x)>0$ であるようなものが存在して $V(x,t)\leqq v(x)$.

(2) $\dot{V}(x,t)$ は負定値である.

証明 (1)は定理2.12の(1)と同じであり, (2)から $\dot{V}(x,t)\leqq 0$ が得られるから, 零解は一様安定である. したがって, τ および $\eta>0$ を任意に与えたとき, τ, η に無関係な $\zeta>0$, η のみに関係して決まる $T>0$ が存在して, $\|\xi\|<\zeta$, $t\geqq\tau+T$ ならば

$$\|\varphi(\xi,\tau;t)\|<\eta$$

が成り立つことを示せばよい.

まず $\varepsilon>0$ を任意に定めて, それに対し $\zeta>0$ を, $\|\xi\|<\zeta$ ならば $t\geqq\tau$ において $\|\varphi(\xi,\tau;t)\|<\varepsilon$ となるように定める. 零解が一様安定であるから, このような ζ は ε だけに依存して定まる.

次に $\eta>0$ を任意にえらび, また $\tau'\geqq\tau$ とする. 零解が一様安定であるから, η のみによって定まる $\delta>0$ が存在して $\|\xi'\|<\delta$ ならば

$$\|\varphi(\xi',\tau';t)\|<\eta,\qquad t\geqq\tau'$$

が成り立つようにすることができる. したがってもし, 解 $\varphi(\xi,\tau;t)$ がある $\tau'\geqq\tau$ において

$$\|\varphi(\xi,\tau\,;\tau')\|<\delta$$

となるならば，

$$\|\varphi(\xi,\tau\,;t)\|<\eta,\qquad t\geqq\tau'$$

が成り立つ．実際 $\xi'=\varphi(\xi,\tau\,;\tau')$ とおけば $\|\xi'\|<\delta$ で

$$\varphi(\xi,\tau\,;t)=\varphi(\xi',\tau'\,;t)$$

だからである．

われわれは $\varepsilon>0$，したがって $\zeta>0$ を固定して，解

$$x=\varphi(\xi,\tau\,;t),\qquad \|\xi\|<\zeta$$

を考える．$\eta\to0$ のとき $\delta\to0$ であるから，$\delta<\zeta\leqq\varepsilon$ として証明を進める．

$V(x,t)$ は正定値であるから，$w(0)=0$，$x\neq0$ なら $w(x)>0$ である連続関数 $w(x)$ が存在して $V(x,t)\geqq w(x)$．そこで，コンパクトな集合 $\delta\leqq\|x\|\leqq\varepsilon$ における $w(x)$ の最小値より小さい正の数 m をとれば

$$V(x,t)>m,\qquad \delta\leqq\|x\|\leqq\varepsilon.$$

ε を固定しておけば m は δ，したがって η のみによって定まる定数である．

仮定(1)により $V(x,t)\leqq v(x)$ であるから，$\|\xi\|\leqq\zeta$ における $v(\xi)$ の最大値より大きい $M>0$ をとれば

$$V(\xi,\tau)<M,\qquad \|\xi\|<\zeta \tag{2.26}$$

で，M は τ とは無関係である．

仮定(2)により $\dot{V}(x,t)$ は負定値であるから，$u(0)=0$，$x\neq0$ では $u(x)>0$ であるような連続関数 $u(x)$ が存在して

$$\dot{V}(x,t)\leqq -u(x).$$

ゆえに $\delta\leqq\|x\|\leqq\varepsilon$ における $u(x)$ の最小値を L とすれば

$$\dot{V}(x,t)\leqq -L,\qquad \delta\leqq\|x\|\leqq\varepsilon. \tag{2.27}$$

ε を固定しておけば，L もやはり δ，したがって η のみによって定まる．そこで

$$T=\frac{M-m}{L} \tag{2.28}$$

とおく．m, M, L が η のみに依存して τ とは無関係な量であるから，T もやはり η のみに依存する量である．

さて $\|\xi\|<\zeta$ であるような解 $x=\varphi(\xi,\tau\,;t)$ で，

$$\|\varphi(\xi,\tau\,;t)\|\geqq\delta,\qquad \tau\leqq t\leqq\tau+T \tag{2.29}$$

となるようなものがあったとしよう．$t \geqq \tau$ では

$$\|\varphi(\xi, \tau; t)\| < \varepsilon$$

であったから，

$$\delta \leqq \|\varphi(\xi, \tau; t)\| < \varepsilon, \qquad \tau \leqq t \leqq \tau + T.$$

ゆえに(2.27)により

$$\begin{aligned} V(\varphi(\xi, \tau; t), t) - V(\xi, \tau) &= V(\varphi(\xi, \tau; t), t) - V(\varphi(\xi, \tau; \tau), \tau) \\ &= \int_\tau^t \dot{V}(\varphi(\xi, \tau; s), s) ds \\ &\leqq -\int_\tau^t L dt = -L(t-\tau). \end{aligned}$$

特に $t=\tau+T$ とおけば

$$V(\varphi(\xi, \tau; \tau+T), \tau+T) \leqq V(\xi, \tau) - LT.$$

ところが $\|\xi\| < \zeta \leqq \varepsilon$ においては，(2.26)により $V(\xi, \tau) < M$ であるから

$$V(\varphi(\xi, \tau; \tau+T), \tau+T) \leqq M - LT.$$

(2.28)により $M-LT=m$ であるから

$$V(\varphi(\xi, \tau; \tau+T), \tau+T) \leqq m.$$

ところが $\|x\| \geqq \delta$ ならば $V(x, t) > m$ であったから，上記の式は(2.29)：

$$\|\varphi(\xi, \tau; t)\| \geqq \delta, \qquad \tau \leqq t \leqq \tau+T$$

と矛盾する．

ゆえに区間 $[\tau, \tau+T]$ の中のある値 τ' において

$$\|\varphi(\xi, \tau; \tau')\| < \delta.$$

したがって $t \geqq \tau + T \geqq \tau'$ において

$$\|\varphi(\xi, \tau; t)\| < \eta$$

が成り立つ．これで定理は証明された．▌

例 2.4 微分方程式

$$\frac{dx}{dt} = Ax$$

において，A は定数行列とする．

$V(x)$ を x の任意の微分可能な実数値関数とすれば（V は t を含まないから）

$$\dot{V}(x) = \sum_k \frac{\partial V}{\partial x_k}(Ax)_k.$$

ただし$(Ax)_k$はベクトルAxの第k成分を表す．そこで

$$\frac{\partial V}{\partial x}=\begin{bmatrix}\dfrac{\partial V}{\partial x_1}\\ \vdots\\ \dfrac{\partial V}{\partial x_n}\end{bmatrix}$$

とおき，ベクトルa,bの内積を(a,b)で表せば

$$\dot{V}(x)=\left(\frac{\partial V}{\partial x},Ax\right).$$

次にPを正則な行列とし，$y=Px$でベクトルyを定義すれば

$$\frac{\partial V}{\partial x_k}=\sum_l\frac{\partial V}{\partial y_l}\frac{\partial y_l}{\partial x_k}=\sum_l\frac{\partial V}{\partial y_l}P_{lk}.$$

ここにP_{lk}はPのlk要素を表すものとする．いま，Pの転置行列を${}^tP$で表せば，上式は

$$\frac{\partial V}{\partial x}={}^tP\frac{\partial V}{\partial y}$$

と書かれる．ゆえに

$$\dot{V}(x)=\left({}^tP\frac{\partial V}{\partial y},Ax\right)=\left(\frac{\partial V}{\partial y},PAP^{-1}y\right). \tag{2.30}$$

いま，Aの固有値はすべて異なり，固有値の実部はすべて負であるとする．Aは実数を要素とする行列であるから，λがAの複素固有値ならば，その共役複素数$\bar{\lambda}$もやはり固有値である．そこでAの固有値に次のように番号をつけておく．

$$\lambda_1,\bar{\lambda}_1,\lambda_2,\bar{\lambda}_2,\cdots,\lambda_m,\bar{\lambda}_m,\lambda_{2m+1},\cdots,\lambda_n,$$

ここに$\lambda_1,\cdots,\lambda_m$は複素数，$\lambda_{2m+1},\cdots,\lambda_n$は実数である．

正則行列Pを，$PAP^{-1}=\Lambda$がJordanの標準形：

$$\Lambda=\begin{bmatrix}\lambda_1 & & & & & & & 0\\ & \bar{\lambda}_1 & & & & & & \\ & & \ddots & & & & & \\ & & & \lambda_m & & & & \\ & & & & \bar{\lambda}_m & & & \\ & & & & & \lambda_{2m+1} & & \\ & & & & & & \ddots & \\ 0 & & & & & & & \lambda_n\end{bmatrix}$$

となるようにえらび，$y=Px$ とおく．このとき y の成分を $y_1, \cdots, y_n$ とすると，

$$\bar{y}_1 = y_2, \quad \bar{y}_3 = y_4, \quad \cdots, \quad \bar{y}_{2m-1} = y_{2m}$$

であるように P をえらぶことができる．そこで P をそのようにえらんで，y の成分の番号を下のようにつけ直しておく．

$$y_1, \bar{y}_1, \cdots, y_m, \bar{y}_m, y_{2m+1}, \cdots, y_n.$$

y の2次形式

$$y_1\bar{y}_1 + \cdots + y_m\bar{y}_m + {y_{2m+1}}^2 + \cdots + {y_n}^2$$

を x の関数と考えて $V(x)$ とおく．$V(x)$ は実数値をとる x のみの関数で，$x=0$ ならば $y=0$，$x \neq 0$ ならば $y \neq 0$ であることに注意すれば($w(x)=V(x)$ とおくことにより)，これは x の正定値な関数である．さらに(2.30)により

$$\begin{aligned}\dot{V}(x) &= \left(\frac{\partial V}{\partial y}, PAP^{-1}y\right) = \left(\frac{\partial V}{\partial y}, \Lambda y\right) \\ &= (\lambda_1+\bar{\lambda}_1)y_1\bar{y}_1 + \cdots + (\lambda_m+\bar{\lambda}_m)y_m\bar{y}_m + 2\lambda_{2m+1}{y_{2m+1}}^2 + \cdots + 2\lambda_n{y_n}^2 \\ &= 2(\mathrm{Re}\,\lambda_1 \cdot y_1\bar{y}_1 + \cdots + \mathrm{Re}\,\lambda_m \cdot y_m\bar{y}_m + \lambda_{2m+1}{y_{2m+1}}^2 + \cdots + \lambda_n{y_n}^2).\end{aligned}$$

仮定により

$$\begin{aligned}&\mathrm{Re}\,\lambda_k < 0, \qquad k = 1, \cdots, m, \\ &\lambda_k < 0, \qquad k = 2m+1, \cdots, n\end{aligned}$$

で，$x=0$ ならば $y=0$，$x \neq 0$ ならば $y \neq 0$ であるから，$\dot{V}(x)$ は負定値であることがわかる($-\dot{V}(x)=u(x)$ とおけばよい)．——

以上で定理2.13の条件(2)は満足される．さらに，条件(1)の中の $v(x)$ として $V(x)$ 自身をとることができるから，条件(1)も満足される．

ゆえに零解は一様漸近安定である．

§2.6　非線型方程式の零解の安定性 II

ここで考える微分方程式は次の形のものである．

$$\frac{dx}{dt} = A(t)x + f(x, t). \tag{2.31}$$

ただし $A(t), f(x, t)$ は次の条件を満たすものとする．

(1)　$A(t)$ は $\alpha \leqq t < \infty$ において連続かつ有界である．

(2)　$f(x, t)$ は領域

$$\|x\| < K \quad (K>0), \qquad \alpha < t < \infty$$

において連続で，x に関し，連続微分可能である．

(3) $f(0,t)=0$，すなわち $x=0$ は(2.31)の解である．

(4) $x\to 0$ のとき t に関して一様に $\|f(x,t)\|=o(\|x\|)$．

この節の目的は，Ljapunov の方法の応用として次の **Perron の定理**を証明することである．

定理 2.14 (2.31)の1次近似方程式

$$\frac{dx}{dt} = A(t)x \tag{2.32}$$

の零解が一様漸近安定ならば(2.31)の零解は一様漸近安定である．——

この定理もやはり1次近似である線型方程式の零解の安定性を利用して非線型方程式の安定性を判定するという，安定性定理の一つの典型に属している．

証明はいくつかの段階に分けて行われる．

補題 2.2 $U(t)$ を $\alpha\leqq t<\infty$ において連続微分可能な直交行列とし，変換 $x=U(t)y$ により(2.32)が

$$\frac{dy}{dt} = B(t)y$$

に変換されたものとする．$U(t)$ を適当にえらぶことにより，$B(t)$ を要素がすべて有界な三角行列にすることができる．

証明 (2.32)の1次独立な n 組の解

$$x = \varphi^1(t), \quad \cdots, \quad x = \varphi^n(t)$$

をとり，これからベクトル $v^k(t), u^k(t)$ を次の手続によって作る．

$$\begin{cases} v^1(t) = \varphi^1(t), \qquad u^1(t) = \dfrac{v^1(t)}{\|v^1(t)\|}, \\ v^k(t) = \varphi^k(t) - \displaystyle\sum_{i=1}^{k-1}(\varphi^k(t), u^i(t))u^i(t), \qquad u^k(t) = \dfrac{v^k(t)}{\|v^k(t)\|}. \end{cases} \tag{2.33}$$

これはベクトル $\varphi^1(t), \cdots, \varphi^n(t)$ にいわゆる Schmidt の直交化を行っているのであるから，得られるベクトル $u^1(t), \cdots, u^n(t)$ は規格直交系である．すなわち

$$(u^i(t), u^k(t)) = 0, \qquad i \neq k,$$
$$\|u^k(t)\| = 1.$$

したがって $u^1(t), \cdots, u^n(t)$ を列ベクトルとする行列を $U(t)$ とすれば $U(t)$ は直交

行列である．またその成分が $\alpha \leqq t < \infty$ において連続微分可能なことも（$\varphi^k(t)$ が(2.32)の解であるから）明らかであろう．

$\varphi^1(t), \cdots, \varphi^n(t)$ を列ベクトルとする行列を $\Phi(t)$ とする．これは(2.32)の基本行列である．

$$U(t) = \Phi(t)S(t)$$

とおいてみると，(2.33)から，$S(t)$ は主対角線より下側がすべて0である三角行列であることが容易にわかる．

さて

$$x = U(t)y$$

とおくと，y の満たす微分方程式は簡単な計算により

$$\frac{dy}{dt} = B(t)y, \qquad B(t) = U^{-1}\left(AU - \frac{dU}{dt}\right). \tag{2.34}$$

一方 $U(t) = \Phi(t)S(t)$ の両辺を t で微分すれば

$$\frac{dU}{dt} = \frac{d\Phi}{dt}S + \Phi\frac{dS}{dt} = A\Phi S + \Phi\frac{dS}{dt} = AU + \Phi\frac{dS}{dt}. \tag{2.35}$$

これを上式に代入して

$$B(t) = -U^{-1}\Phi\frac{dS}{dt} = -S^{-1}\frac{dS}{dt}. \tag{2.36}$$

ところが S が主対角線より下側がすべて0である三角行列だから，S^{-1} も dS/dt も同じ形の三角行列で，したがって $B(t)$ もやはり同じ形の三角行列となる．

$B(t)$ が有界なことを示すには次のようにすればよい．

U が直交行列であるから $U^{-1} = {}^tU$（${}^tU$ は U の転置行列）．ゆえに(2.34)から

$$B = {}^tUAU - {}^tU\frac{dU}{dt}.$$

一方 ${}^tUU = E$ から

$${}^tU\frac{dU}{dt} = -\frac{d\,{}^tU}{dt}U.$$

ゆえに

$$B = {}^tUAU + \frac{d\,{}^tU}{dt}U. \tag{2.37}$$

(2.35)から

$$\frac{d{}^tU}{dt} = {}^tU{}^tA + {}^t\left(US^{-1}\frac{dS}{dt}\right) = {}^tU{}^tA + {}^t\left(S^{-1}\frac{dS}{dt}\right){}^tU,$$

(2.36)から

$${}^tB = -{}^t\left(S^{-1}\frac{dS}{dt}\right)$$

であるから

$$\frac{d{}^tU}{dt} = {}^tU{}^tA - {}^tB{}^tU.$$

これを(2.37)に代入して

$$\begin{aligned} B &= {}^tUAU + {}^tU{}^tAU - {}^tB{}^tUU \\ &= {}^tU(A+{}^tA)U - {}^tB. \end{aligned}$$

すなわち

$$B+{}^tB = {}^tU(A+{}^tA)U.$$

A が有界で，U が直交行列であるから $B+{}^tB$ は有界である．ところが B は三角行列であるから，B もまた有界である．∎

この補題で得られた直交行列 $U(t)$ を使って，変数変換

$$x = U(t)y$$

を方程式(2.31)に施した結果を

$$\frac{dy}{dt} = B(t)y + g(y,t) \tag{2.38}$$

とすれば，$B(t)$ は有界な連続関数を要素にもつ三角行列であって，

$$g(y,t) = U^{-1}(t)f(U(t)y,t)$$

となることが直ちにわかる．$U(t)$ は直交行列であるから，任意のベクトル y に対し

$$\|U(t)y\| = \|y\|.$$

ゆえに $\|U\| = \|{}^tU\| = \|U^{-1}\| = 1$．したがって

$$\begin{aligned} \|g(y,t)\| &\leqq \|U^{-1}(t)\|\cdot\|f(U(t)y,t)\| \\ &= \|f(U(t)y,t)\|. \end{aligned}$$

f に対する仮定により，

$$\|f(U(t)y,t)\| = o(\|U(t)y\|) = o(\|y\|)$$

であるから

$$\|g(y,t)\| = o(\|y\|).$$

したがって(2.38)は，$B(t)$が三角行列であるという性質が加わっている以外は(2.31)と全く同じ条件を満たしている．さらに$\|x\|=\|Uy\|=\|y\|$であって，零解の安定性はすべてその近傍の解のノルムについての条件として述べられる性質であるから，(2.38)と(2.31)とは零解の安定性に関しては全く同じ性質をもっている．したがって今後は(2.31)のかわりに(2.38)を問題にすればよいことになる．このことは，いいかえれば，(2.31)において$A(t)$がはじめから三角行列であると仮定して議論を進めてかまわないことを意味している．そこでこれからは$A(t)$が三角行列であると仮定する．

なお補題2.2で得られた$B(t)$は，主対角線の下側がすべて0であるような三角行列であったが，変数変換$y_k \to y_{n-k}$を行えば，これを主対角線から上の側が0となるような三角行列に変換することができる．そこで今後は，計算の便宜上，(2.31)において$A(t)$は主対角線から上が0であるような三角行列であるとしておく．

したがって，(2.31)をその成分ごとに分けて書くならば，それは次のようになる．

$$
(2.39)\qquad
\begin{aligned}
\frac{dx_1}{dt} &= a_{11}x_1, \\
\frac{dx_2}{dt} &= a_{21}x_1 + a_{22}x_2, \\
&\cdots\cdots\cdots\cdots \\
\frac{dx_k}{dt} &= a_{k1}x_1 + a_{k2}x_2 + \cdots + a_{kk}x_k, \\
&\cdots\cdots\cdots\cdots \\
\frac{dx_n}{dt} &= a_{n1}x_1 + a_{n2}x_2 + \cdots + a_{nn}x_n.
\end{aligned}
$$

そして各係数$a_{jk}(t)$は$\alpha \leqq t < \infty$において有界である．

ここでεを任意の正の数とし，変数変換

$$x_1 = \varepsilon^{n-1}z_1, \quad x_2 = \varepsilon^{n-2}z_2, \quad \cdots, \quad x_{n-1} = \varepsilon z_{n-1}, \quad x_n = z_n$$

を行う．この変換によって，零解は零解にうつり，また零解の安定性がそのまま保存されることは明らかであろう．そして変換された方程式は

$$\frac{dz_1}{dt} = a_{11}z_1,$$

$$\frac{dz_2}{dt} = \varepsilon a_{21}z_1 + a_{22}z_2$$

$$\cdots\cdots\cdots\cdots\cdots$$

$$\frac{dz_k}{dt} = \varepsilon^{k-1}a_{k1}z_1 + \varepsilon^{k-2}a_{k2}z_2 + \cdots + a_{kk}z_k,$$

$$\cdots\cdots\cdots\cdots\cdots$$

$$\frac{dz_n}{dt} = \varepsilon^{n-1}a_{n1}z_1 + \varepsilon^{n-2}a_{n2}z_2 + \cdots + \varepsilon a_{n\,n-1}z_{n-1} + a_{nn}z_n.$$

したがって $|a_{jk}(t)|<M$ ならば，変換された方程式の係数は $b_{jk}(t)=\varepsilon^{j-k}a_{jk}(t)$ であるから

$$|b_{jk}(t)| < \varepsilon^{j-k}M.$$

ゆえに $j\neq k$ であるような番号に対応する係数の絶対値は，ε を小さくとりさえすれば，いくらでも小さくすることができる．そこで，はじめから(2.39)において $|a_{jk}(t)|$ $(j\neq k)$ はあらかじめ定めておいた任意の正の数より小さいものと仮定して一般性を失わない．

以上の仮定の下で次の補題を証明しよう．

補題 2.3 微分方程式(2.39)の零解が一様漸近安定ならば，((2.39)に関して)定理2.13で述べたような性質をもつ Ljapunov 関数で，$x_1, \cdots, x_n$ の2次式であるものが存在する．

証明 (ξ, τ) を通る(2.39)の解を $x=\varphi(\xi, \tau; t)$ としよう．(2.39)は線型で，その零解が安定であるから，定理2.3により $\varphi(\xi, \tau; t)$ は $t\to\infty$ で有界である．さらに零解の一様漸近安定性により，$0<\eta<1$ を任意にえらぶと，$\zeta>0$ と，η のみに関係する $T>0$ とが存在して $\|\xi\|\leqq\zeta$ ならば(τ が何であっても)

$$\|\varphi(\xi, \tau; t)\| < \zeta\eta, \qquad t \geqq \tau+T$$

が成り立つ．そこで $x=\psi(t)$ を $\|\psi(\tau)\|=1$ であるような解とすれば $\zeta\psi(t)$ も解で，$\|\zeta\psi(\tau)\|=\zeta$ であるから，

$$\|\zeta\psi(t)\| < \zeta\eta, \qquad t \geqq \tau+T$$

すなわち

$$\|\psi(t)\| < \eta, \qquad t \geqq \tau+T \tag{2.40}$$

が成り立つ.

そこでいま

$$x=\psi^k(t)=\begin{bmatrix}\psi_1{}^k(t)\\ \vdots \\ \psi_n{}^k(t)\end{bmatrix}$$

を，$\psi_j{}^k(\tau)=\delta_{kj}$ であるような(2.39)の解としよう．$\psi_j{}^k(t)$ は(2.39)をこの初期条件の下で直接解くことにより，次の式で与えられる.

$$\psi_1{}^k(t)=\cdots=\psi_{k-1}{}^k(t)=0,$$
$$\psi_k{}^k(t)=h_k(t,\tau),$$
$$\psi_m{}^k(t)=h_m(t,\tau)\int_\tau^t\sum_{r=k}^{m-1}a_{mr}(s)\psi_r{}^k(s)\{h(s,\tau)\}^{-1}ds,\qquad m>k,$$
$$h_m(t,\tau)=\exp\left(\int_\tau^t a_{mm}(s)ds\right).$$

この結果からわかるように，

$$h_k(t,\tau)=\exp\left(\int_\tau^t a_{kk}(s)ds\right)$$

は $\psi^k(t)$ の第 k 成分であり，$\|\psi^k(\tau)\|=1$ であるから(2.40)より(τ の値が何であっても)

$$h_k(t,\tau)<\eta,\qquad t\geqq\tau+T.$$

いま $t\geqq t_0+NT$ (N は正の整数)とすれば

$$\begin{aligned}h_k(t,t_0)&=\exp\left(\int_{t_0}^t a_{kk}(s)ds\right)\\&=\exp\left(\int_{t_0}^{t_0+T}a_{kk}(s)ds+\int_{t_0+T}^{t_0+2T}a_{kk}(s)ds+\cdots+\int_{t_0+(N-1)T}^t a_{kk}(s)ds\right)\\&=h_k(t_0+T,t_0)h_k(t_0+2T,t_0+T)\cdots h_k(t,t_0+(N-1)T)\end{aligned}$$

であるから

$$h_k(t,t_0)<\eta^N,\qquad t\geqq t_0+NT. \tag{2.41}$$

ここに，t_0 は($t_0\geqq\alpha$ でさえあれば)任意で $\eta<1$ であるから $h_k(t,\alpha)$ は $\alpha\leqq t<\infty$ で有界で

$$\lim_{t\to\infty}h_k(t,\alpha)=0. \tag{2.42}$$

次に

$$H_k(t)=h_k(t,\alpha)\int_\alpha^t \{h_k(s,\alpha)\}^{-1}ds$$

とおくと

$$\begin{aligned}H_k(t)&=\int_\alpha^t \exp\left(\int_\alpha^t a_{kk}(\sigma)d\sigma-\int_\alpha^s a_{kk}(\sigma)d\sigma\right)ds\\&=\int_\alpha^t \exp\left(\int_s^t a_{kk}(\sigma)d\sigma\right)ds\\&=\int_\alpha^t h_k(t,s)ds.\end{aligned}$$

ゆえに N を任意の正の整数とするとき

$$\begin{aligned}H_k(\alpha+NT)&=\int_\alpha^{\alpha+NT} h_k(\alpha+NT,s)ds\\&=\int_\alpha^{\alpha+T} h_k(\alpha+NT,s)ds+\int_{\alpha+T}^{\alpha+2T} h_k(\alpha+NT,s)ds+\cdots\\&\quad+\int_{\alpha+(N-1)T}^{\alpha+NT} h_k(\alpha+NT,s)ds.\end{aligned}$$

積分

$$\int_{\alpha+(m-1)T}^{\alpha+mT} h_k(\alpha+NT,s)ds$$

において，積分範囲では

$$\alpha+(m-1)T\leqq s\leqq\alpha+mT$$

であるから

$$\alpha+NT\geqq s+(\alpha+NT)-(\alpha+mT)=s+(N-m)T.$$

ゆえに(2.41)により

$$\int_{\alpha+(m-1)T}^{\alpha+mT} h_k(\alpha+NT,s)ds<\int_{\alpha+(m-1)T}^{\alpha+mT}\eta^{N-m}ds=T\cdot\eta^{N-m}.$$

したがって($0<\eta<1$ であることに注意して)

$$H_k(\alpha+NT)<T\cdot\sum_{m=1}^N \eta^{N-m}<\frac{T}{1-\eta}.$$

すなわち $H_k(t)$ は $\alpha\leqq t<\infty$ において有界である．

そこで $\alpha\leqq t<\infty$ において

$$h_k(t,\alpha)<A,\qquad H_k(t)<B$$

とすれば

$$B > H_k(t) = h_k(t,\alpha)\int_\alpha^t \{h_k(s,\alpha)\}^{-1}ds > h_k(t,\alpha)\int_\alpha^t \frac{ds}{A} = h_k(t,\alpha)\frac{t-\alpha}{A}.$$

ゆえに

$$h_k(t,\alpha) < \frac{AB}{t-\alpha}. \tag{2.43}$$

なお，$H_k(t)=\int_\alpha^t \exp\left(\int_s^t a_{kk}(\sigma)d\sigma\right)ds$ で，$\exp\left(\int_s^t a_{kk}(\sigma)d\sigma\right)>0$ であるから，$H_k(t)$ は t とともに増加する．それと $H_k(t)<B$ とから

$$\lim_{t\to\infty} H_k(t) = C \tag{2.44}$$

が存在することがわかる．

次に

$$G_k(t) = \{h_k(t,\alpha)\}^{-2}\int_t^\infty \{h_k(s,\alpha)\}^2 ds$$

とおく．不等式(2.43)により右辺の積分は収束する．$G_k(t)$ の値を評価するために

$$I = \{h_k(t,\alpha)\}^{-2}\int_t^\infty a_{kk}(s)\{h_k(s,\alpha)\}^2 ds$$

とおき，これに平均値の定理を適用すれば

$$I = a_{kk}(t_1)G_k(t), \qquad t < t_1 < \infty. \tag{2.45}$$

一方

$$\begin{aligned}
I &= \exp\left(-2\int_\alpha^t a_{kk}(\sigma)d\sigma\right)\int_t^\infty a_{kk}(s)\exp\left(2\int_\alpha^s a_{kk}(\sigma)d\sigma\right)ds \\
&= \exp\left(-2\int_\alpha^t a_{kk}(\sigma)d\sigma\right)\left[\frac{1}{2}\exp\left(2\int_\alpha^s a_{kk}(\sigma)d\sigma\right)\right]_t^\infty \\
&= \frac{1}{2}\exp\left(-2\int_\alpha^t a_{kk}(\sigma)d\sigma\right)\left[\exp\left(2\int_\alpha^\infty a_{kk}(\sigma)d\sigma\right)-\exp\left(2\int_\alpha^t a_{kk}(\sigma)d\sigma\right)\right].
\end{aligned}$$

ところが

$$\exp\left(2\int_\alpha^\infty a_{kk}(\sigma)d\sigma\right) = \lim_{t\to\infty}\{h_k(t,\alpha)\}^2$$

であるから(2.42)によりこれは0に等しい．ゆえに

$$I=-\frac{1}{2}.$$

これと (2.45) から

$$G_k(t)=-\frac{1}{2a_{kk}(t_1)}.$$

$G_k(t)\geqq 0$ であるから

$$G_k(t)=\frac{1}{2|a_{kk}(t_1)|}.$$

$a_{kk}(t)$ は $\alpha\leqq t<\infty$ で有界であるから,

$$|a_{kk}(t)|<M, \qquad k=1,\cdots,n$$

となる $M>0$ が存在する．ゆえに

$$G_k(t)>\frac{1}{2M}>0. \tag{2.46}$$

一方

(2.47)

$$\{H_k(t)\}^2G_k(t)=\{h_k(t,\alpha)\}^2\left(\int_\alpha^t\{h_k(s,\alpha)\}^{-1}ds\right)^2\cdot\{h_k(t,\alpha)\}^{-2}\int_t^\infty\{h_k(s,\alpha)\}^2ds$$

$$=\frac{\displaystyle\int_t^\infty\{h_k(s,\alpha)\}^2ds}{\left[\dfrac{1}{\displaystyle\int_\alpha^t\{h_k(s,\alpha)\}^{-1}ds}\right]^2}$$

であるが $\displaystyle\int_t^\infty\{h_k(s,\alpha)\}^2ds$ が収束するから

$$\lim_{t\to\infty}\int_t^\infty\{h_k(s,\alpha)\}^2ds=0.$$

また，(2.42) から $\displaystyle\lim_{s\to\infty}h(s,\alpha)=0$ であったから

$$\lim_{t\to\infty}\int_\alpha^t\{h_k(s,\alpha)\}^{-1}ds=\infty.$$

したがって

$$\lim_{t\to\infty}\{H_k(t)\}^2G_k(t)$$

は 0/0 の形の不定形となる．ところが (2.47) の分子，分母をそれぞれ微分して

極限をとり，(2. 44) を用いれば

$$\lim_{t\to\infty}\frac{-\{h_k(t,\alpha)\}^2}{-2\left[\dfrac{1}{\displaystyle\int_\alpha^t\{h_k(s,\alpha)\}^{-1}ds}\right]^3\cdot\{h_k(t,\alpha)\}^{-1}}$$

$$=\lim_{t\to\infty}\frac{1}{2}\{h_k(t,\alpha)\}^3\left[\int_\alpha^t\{h_k(s,\alpha)\}^{-1}ds\right]^3=\frac{1}{2}\lim_{t\to\infty}\{H_k(t)\}^3=\frac{1}{2}C^3.$$

したがって

$$\lim_{t\to\infty}\{H_k(t)\}^2G_k(t)=C^2\lim_{t\to\infty}G_k(t)=\frac{1}{2}C^3.$$

$$\lim_{t\to\infty}G_k(t)=\frac{C}{2}.$$

ゆえに $G_k(t)$ は $\alpha\leqq t<\infty$ で有界である．これと (2. 46) とから，

$$G>G_k(t)>g>0,\qquad \alpha\leqq t<\infty \tag{2.48}$$

となるような定数 G, g が存在することがわかる．

そこで

$$V(x,t)=\sum_{k=1}^n G_k(t){x_k}^2$$

とおき，これが定理 2. 13 の条件を満足する Ljapunov 関数であることを示そう．明らかに

$$G\sum_{k=1}^n{x_k}^2>V(x,t)>g\sum_{k=1}^n{x_k}^2$$

であるから，$V(x,t)$ は正定値で，さらに定理 2. 13 の条件 (1) が成り立っていることがわかる．あとは $\dot V(x,t)$ が負定値であることを示せばよい．

$$\dot V(x,t)=\frac{\partial V}{\partial t}+\sum_{k=1}^n\frac{\partial V}{\partial x_k}\left(\sum_{r=1}^k a_{kr}x_r\right)$$

$$=\sum_{k=1}^n\frac{dG_k}{dt}{x_k}^2+2\sum_{k=1}^n\sum_{r=1}^k G_k(t)a_{kr}x_kx_r,$$

$$G_k(t)=\{h_k(t,\alpha)\}^{-2}\int_t^\infty\{h_k(s,\alpha)\}^2ds$$

$$=\exp\left(-2\int_\alpha^t a_{kk}(\sigma)d\sigma\right)\int_t^\infty\exp\left(2\int_\alpha^s a_{kk}(\sigma)d\sigma\right)ds$$

であるから

$$\frac{dG_k}{dt} = -2a_{kk}(t)G_k(t)-1.$$

ゆえに

$$\dot{V}(x,t) = -\sum_{k=1}^{n} x_k^2 + 2\sum_{k=1}^{n}\sum_{r=1}^{k-1} G_k(t)a_{kr}x_kx_r.$$

ところがあらかじめ仮定しておいたように $|a_{kr}|\,(k \neq r)$ は任意の正の数より小さいと考えてよい．そして

$$G > G_k(t) > g$$

であるから，$|a_{kr}|\,(k \neq r)$ をあらかじめ十分小さくとっておけば

$$\dot{V}(x,t) < -\frac{1}{2}\sum_{k=1}^{n} x_k^2.$$

すなわち $\dot{V}(x,t)$ は負定値であり，$V(x,t)$ が求める Ljapunov 関数である．これで証明は完了した．▌

これだけの準備をしておけば，定理 2.14 は容易に証明できる．

定理 2.14 の証明　補題 2.3 で作った $V(x,t)$ がそのまま，非線型方程式(2.31)：

$$\frac{dx}{dt} = A(t)x + f(x,t)$$

の Ljapunov 関数になっていることを示そう．定理 2.13 の条件のうち(1)はすでに補題 2.3 の証明で，それが成り立っていることを示したから，問題は $\dot{V}(x,t)$ が負定値であることを示すだけである．$f(x,t)$ の成分を $f_1, \cdots; f_n$ とすれば

$$\dot{V}(x,t) = \frac{\partial V}{\partial t} + \sum_k \frac{\partial V}{\partial x_k}\left(\sum_{r=1}^{k} a_{kr}x_r + f_k(x,t)\right).$$

ところが補題 2.3 の証明において

$$\frac{\partial V}{\partial t} + \sum_k \frac{\partial V}{\partial x_k}\left(\sum_{r=1}^{k} a_{kr}x_r\right) < -\frac{1}{2}\sum_k x_k^2$$

であることを示したから

$$\dot{V}(x,t) < -\frac{1}{2}\sum_k x_k^2 + \sum_k \frac{\partial V}{\partial x_k} f_k(x,t).$$

ところで

$$\text{(2.49)} \qquad \frac{\partial V}{\partial x_k} = 2G_k(t)x_k, \qquad G > G_k(t) > g > 0,$$

また，$\|f(x,t)\|$ は $x\to 0$ のとき，t に関して一様に $o(\|x\|)$ であるから，任意に $\varepsilon>0$ をえらぶと，$\delta>0$ が定まって，$\|x\|<\delta$ ならば

$$|f_k(x,t)| < \varepsilon\|x\| = \varepsilon\sqrt{\sum_k x_k^2}. \tag{2.50}$$

したがって，(2.49), (2.50) から

$$\begin{aligned}\left|\sum_k \frac{\partial V}{\partial x_k} f_k(x,t)\right| &< \varepsilon\sqrt{\sum_k x_k^2}\cdot 2G\sum_k |x_k| \\ &< 2n\varepsilon G\sum_k x_k^2.\end{aligned}$$

ゆえに $\varepsilon>0$ を十分小さくえらべば

$$\left|\sum_k \frac{\partial V}{\partial x_k} f_k(x,t)\right| < \frac{1}{4}\sum_k x_k^2.$$

この ε に対応する $\delta>0$ をとれば $\|x\|<\delta$ のとき

$$\dot{V}(x,t) < -\frac{1}{2}\sum_k x_k^2 + \frac{1}{4}\sum_k x_k^2 = -\frac{1}{4}\sum_k x_k^2.$$

ゆえに $\dot{V}(x,t)$ は負定値である.

これで $V(x,t)$ はその定義域を $\|x\|<\delta$ の範囲に限るならば定理 2.13 の Ljapunov 関数の条件をすべて満たしていることがわかった．したがって定理 2.13 により (2.31) の零解は一様漸近安定である. ▮

なおこの定理は (2.32) の零解が一様漸近安定ならば実は指数漸近安定であること (定理 2.8) を利用すれば，定理 2.9 の証明と類似の方法を用いてもっと簡単に証明できる．しかも (2.31) の零解が指数漸近安定であることまでも導くことができる．証明はたとえば巻末に挙げた Halanay の書物の第 1 章参照.

問　題

1 微分方程式 (2.1)：

$$\frac{dx}{dt} = F(x,t)$$

の解 $x=\psi(t)$ が，定義 2.4 (一様漸近安定性の定義) の条件 (2)，すなわち“任意に τ，および $\eta>0$ を与えると，τ, η に無関係な $\zeta>0$，および η のみに関係する $T>0$ が定まって，$\|\xi-\psi(\tau)\|<\zeta$，$t>\tau+T$ ならば

$$\|\varphi(\xi,\tau;t)-\psi(t)\| < \eta$$

が成り立つ"を満たしているならば，$x=\psi(t)$ は安定であることを証明せよ．

2　微分方程式 (2.1) の解 $x=\psi(t)$ が安定でなくても，ある $\zeta>0$ に対して $\|\xi-\psi(\tau)\|<\zeta$ ならば

$$\lim_{t\to\infty}\|\varphi(\xi,\tau;t)-\psi(t)\|=0$$

が成り立つことがある．すなわち漸近安定性の条件 (定義 2.2) の後半の条件だけでは $x=\psi(t)$ の安定性は必ずしも保証されない．このことを以下に示す順序にしたがって証明せよ．

$\boldsymbol{R}^2$ から原点 (0, 0) を除いた部分で，次のような微分方程式を考える．

$$\frac{dx_1}{dt}=x_1(1-\sqrt{x_1{}^2+x_2{}^2})-\frac{x_2}{2}\left(1-\frac{x_1}{\sqrt{x_1{}^2+x_2{}^2}}\right),$$

$$\frac{dx_2}{dt}=x_2(1-\sqrt{x_1{}^2+x_2{}^2})+\frac{x_1}{2}\left(1-\frac{x_1}{\sqrt{x_1{}^2+x_2{}^2}}\right).$$

(i)　$x_1=1$，$x_2=0$ はこの方程式の解であることを示せ．

(ii)　$x_1=r\cos\theta$，$x_2=r\sin\theta$ とおいてこの方程式を r,θ に関する方程式に変換せよ．

(iii)　$t=\tau$ で

$$x_1=\xi_1=r_0\cos\theta_0,\qquad x_2=\xi_2=r_0\sin\theta_0$$

となるこの方程式の解を

$$x_1=\varphi_1(t),\qquad x_2=\varphi_2(t)$$

とする．(ii) で変換した方程式を解くことにより，

$$(\varphi_1(t)-1)^2+(\varphi_2(t))^2=\left(\frac{r_0}{r_0-(r_0-1)e^{-t+\tau}}\right)^2+1$$
$$-\frac{2r_0}{r_0-(r_0-1)e^{-t+\tau}}\left(1-\frac{2}{1+(\cot(\theta_0/2)-(t-\tau)/2)^2}\right)$$

となることを示し，これから解 $x_1=\varphi_1(t)$，$x_2=\varphi_2(t)$ と，解 $x_1=1$，$x_2=0$ との距離は $t\to\infty$ のとき 0 になることを導け．

(iv)　$r_0>1$ で r_0 が 1 に十分近く，$\theta_0>0$ で θ_0 の値が十分小ならば (ξ_1,ξ_2) は (1, 0) に十分近いけれども

$$t=\tau+2\cot\frac{\theta_0}{2}$$

において解 $x_1=\varphi_1(t)$，$x_2=\varphi_2(t)$ と，解 $x_1=1$，$x_2=0$ との距離は 2 より大きいことを示し，このことから，解 $x_1=1$，$x_2=0$ は安定ではないことを導け．

3　微分方程式

$$\frac{dx}{dt}=Ax+f(t)$$

において，A は定数行列，$f(t)$ は連続とする．A の固有値の実部がすべて負ならばこの方程式の解はすべて指数漸近安定であることを示せ．

4　微分方程式

$$\frac{dx}{dt} = -\frac{x}{t} \qquad (x\ はスカラー)$$

を $-\infty < x < \infty$, $0 < \alpha \leqq t$ において考えるとき，この方程式の零解は一様安定であり，漸近安定であるが，一様漸近安定ではないことを示せ．

5　$H(x_1, \cdots, x_n, y_1, \cdots, y_n)$ を，その各変数に関して2回連続微分可能な関数とする．このとき，微分方程式

$$\frac{dx_k}{dt} = \frac{\partial H}{\partial y_k}, \qquad \frac{dy_k}{dt} = -\frac{\partial H}{\partial x_k}, \qquad k = 1, \cdots, n$$

は **Hamilton 型の方程式**とよばれる．H が正定値または負定値ならば，この方程式が零解をもつとき，それはつねに安定であることを証明せよ（H または $-H$ を Ljapunov 関数にえらんでみよ）．

6　前問の結果を利用して次のことを証明せよ．

微分方程式

$$\frac{dx}{dt} = y, \qquad \frac{dy}{dt} = f(x)$$

において $f(x)$ は連続微分可能で，

$$\begin{cases} f(x) < 0, & x > 0, \\ f(0) = 0, & \\ f(x) > 0, & x < 0 \end{cases}$$

であるとする．このとき，この微分方程式の零解は安定である．

7　微分方程式

$$\frac{dx_1}{dt} = -x_1, \qquad \frac{dx_2}{dt} = \sin t \cdot x_1 - x_2$$

の零解が一様漸近安定であることを：

(i)　特性指数を求めることにより証明せよ．

(ii)　補題2.3の証明の方針にしたがって x_1, x_2 についての2次式である Ljapunov 関数をつくることによって証明せよ．

8　微分方程式

$$\frac{dx_1}{dt} = f_1(x) = x_2, \qquad \frac{dx_2}{dt} = f_2(x) = -x_1 + ax_1^2 + 2bx_1x_2 + cx_2^2$$

において $b(a+c) < 0$ であるとする．このとき，この方程式の零解が一様安定であることを次の方針にしたがって証明せよ．

(i)　$V(x)$ を2次の項からはじまる x_1, x_2 の形式的なベキ級数として，その k 次の項を $V_k(x)$ とする．すなわち，

$$V(x) = V_2(x) + V_3(x) + \cdots,$$

(ii)　$\dot{V}(x)$ を形式的に

$$\dot{V}(x) = \frac{\partial V(x)}{\partial x_1} f_1(x) + \frac{\partial V(x)}{\partial x_2} f_2(x)$$

と定義すれば，$\dot{V}(x)$ もやはり 2 次の項からはじまる x_1, x_2 のベキ級数になる．これの k 次の項を $F_k(x)$ とおく．すなわち

$$\dot{V}(x) = F_2(x) + F_3(x) + \cdots.$$

(iii)　未定係数法を用いて $F_2(x) = F_3(x) = 0$ となるように，$V_2(x), V_3(x)$ の係数を決める．

(iv)　$F_4(x)$ の係数のうち $x_1^3 x_2, x_1^2 x_2^2, x_1 x_2^3$ の係数は 0 となり，x_1^4 と x_2^4 の係数が等しくなるように $V_4(x)$ を決めることができる．

(v)　以上のようにして決めた $V_k(x)$ $(k=2, 3, 4)$ を用いて

$$\tilde{V}(x) = V_2(x) + V_3(x) + V_4(x)$$

とおけば，これが零解の一様安定性を保証する Ljapunov 関数となる．($V_k(x)$ の決め方は一通りではないが，どれをとっても結論は同じである.)

第3章　解の漸近的行動

§3.1　特性数および Ljapunov 数

前章では微分方程式(2.1)：

$$\frac{dx}{dt}=F(x,t)$$

の一つの解 $x=\psi(t)$ をとり出し，それに近い初期値をもつ他の解の $t\to\infty$ における，$x=\psi(t)$ との相対的な行動を問題にした．

この章では(2.1)の個々の解が $t\to\infty$ のとき，どのような漸近的行動をとるかを考えることにする．

もっとも，漸近的行動とはいっても，解が具体的に既知関数の組み合わせで表現できる場合とか，あるいは方程式が何等かの正則性をもっていて解の無限級数展開が求められる場合等を除けば，一般にはあまりこまかいことはわからない．ここで紹介しようとしているのは，$t\to\infty$ のときの解の増大(あるいは減少)の度合いを，他の(よく性質のわかっている)関数と比べて評価しようという試みである．

この考え方は Ljapunov によるものであって，線型方程式については特に有効である．

$\tau\leqq t<\infty$ で定義された連続関数 $\varphi(t)$ の $t\to\infty$ における行動を評価するために，われわれはそれを測る物差しとして同じ範囲で連続な別の関数 $k(t)$ を用意する．ただし $k(t)$ は単調増加で

$$\lim_{t\to\infty}k(t)=\infty$$

とする．そしてこれらに対して次のような数を定義する．

定義 3.1　実数 λ が存在して，すべての $\varepsilon>0$ に対し

$$\limsup_{t\to\infty}|\varphi(t)|k(t)^{\lambda+\varepsilon}=\infty, \tag{3.1}$$

$$\lim_{t\to\infty}|\varphi(t)|k(t)^{\lambda-\varepsilon}=0 \tag{3.2}$$

が同時に成り立つとき，λ を $\varphi(t)$ の，$k(t)$ に関する**特性数**とよび $\lambda=\lambda(\varphi(t), k(t))$ と書く.

すべての $\nu>0$ に対し

$$\lim_{t\to\infty} |\varphi(t)|k(t)^{\nu} = 0$$

ならば $\lambda(\varphi(t), k(t))=\infty$，すべての $\nu<0$ に対し

$$\limsup_{t\to\infty} |\varphi(t)|k(t)^{\nu} = \infty$$

ならば $\lambda(\varphi(t), k(t))=-\infty$ と定義する.

特に $k(t)=e^t$ のとき，それに関する特性数 $\lambda(\varphi(t), e^t)$ を $\lambda(\varphi(t))$ で表し，**Ljapunov 数**とよぶ. ——

この定義からわかるように，$\lambda(\varphi(t), k(t))=\lambda$ であるとは，大ざっぱにいえば $t\to\infty$ のとき $|\varphi(t)|$ が $k(t)^{-\lambda}$ と比較できる位の割合で増加(または減少)することを表している. したがって λ が小さいほど $|\varphi(t)|$ の増加のスピードは大きいことになる.

$\lim_{t\to\infty} k(t)=\infty$ であるから

$$\limsup_{t\to\infty} |\varphi(t)|k(t)^{\nu} = \infty$$

ならばすべての $\mu\geqq\nu$ に対し

$$\limsup_{t\to\infty} |\varphi(t)|k(t)^{\mu} = \limsup_{t\to\infty} |\varphi(t)|k(t)^{\nu}k(t)^{\mu-\nu} = \infty,$$

また

$$\lim_{t\to\infty} |\varphi(t)|k(t)^{\nu} = 0$$

ならばすべての $\mu\leqq\nu$ に対し

$$\lim_{t\to\infty} |\varphi(t)|k(t)^{\mu} = \lim_{t\to\infty} |\varphi(t)|k(t)^{\nu}k(t)^{\mu-\nu} = 0$$

である. したがって

$$\text{(3.3)} \qquad \limsup_{t\to\infty} |\varphi(t)|k(t)^{\nu} = \infty \quad \text{ならば} \quad \lambda(\varphi(t), k(t)) \leqq \nu,$$

$$\text{(3.4)} \qquad \lim_{t\to\infty} |\varphi(t)|k(t)^{\nu} = 0 \quad \text{ならば} \quad \lambda(\varphi(t), k(t)) \geqq \nu$$

であることが直ちにわかる.

例 3.1　$\varphi(t)=c$ (定数) で，$c\neq 0$ ならば任意の $\varepsilon>0$ に対し

$$\limsup_{t\to\infty} |c|k(t)^{\varepsilon} = \infty, \qquad \lim_{t\to\infty} |c|k(t)^{-\varepsilon} = 0$$

であるから，その特性数は 0 である．

$c=0$ ならばすべての ν に対し

$$\lim_{t\to\infty} |c|k(t)^{\nu} = 0$$

であるから，その特性数は ∞ である．

$\varphi(t)=t^2e^{2t}$，$k(t)=e^t$ とすれば任意の $\varepsilon>0$ に対し

$$\limsup_{t\to\infty} |\varphi(t)|k(t)^{-2+\varepsilon} = \limsup_{t\to\infty} t^2e^{\varepsilon t} = \infty,$$

$$\lim_{t\to\infty} |\varphi(t)|k(t)^{-2-\varepsilon} = \lim_{t\to\infty} t^2e^{-\varepsilon t} = 0$$

であるから $\lambda(t^2e^{2t}, e^t)=\lambda(t^2e^{2t})=-2$.

特性数に関して，次の諸性質は基本的である．

(1) $\lambda(\varphi_1(t)+\varphi_2(t), k(t)) \geqq \min(\lambda(\varphi_1(t), k(t)), \lambda(\varphi_2(t), k(t)))$ である．特に，$\lambda(\varphi_1(t), k(t)) \neq \lambda(\varphi_2(t), k(t))$ ならば上式において等号が成り立つ．

(2) 一般に

$$\lambda\left(\sum_{i=1}^{m} \varphi_i(t), k(t)\right) \geqq \min_i \lambda(\varphi_i(t), k(t))$$

特に $\min\limits_i \lambda(\varphi_i(t), k(t)) = \lambda(\varphi_j(t), k(t))$ であって

$$\lambda(\varphi_j(t), k(t)) < \lambda(\varphi_i(t), k(t)) \qquad (i \neq j)$$

が成り立つならば，上式において等号が成り立つ．

(3) $\varphi_i(t) \geqq 0\ (i=1, \cdots, m)$ ならば

$$\lambda\left(\sum_{i=1}^{m} \varphi_i(t), k(t)\right) = \min_i \lambda(\varphi_i(t), k(t)).$$

(4) c が 0 でない定数ならば

$$\lambda(c\varphi(t), k(t)) = \lambda(\varphi(t), k(t)).$$

(5) $\lambda(\varphi_1(t)\varphi_2(t), k(t)) \geqq \lambda(\varphi_1(t), k(t)) + \lambda(\varphi_2(t), k(t))$.

(6) $|\psi_i(t)| \leqq M_i < \infty\ (i=1, \cdots, m)$ ならば

$$\lambda\left(\sum_{i=1}^{m} \psi_i(t)\varphi_i(t), k(t)\right) \geqq \min_i \lambda(\varphi_i(t), k(t)).$$

証明 (1) $\lambda(\varphi_1(t), k(t))=\lambda_1$，$\lambda(\varphi_2(t), k(t))=\lambda_2$ とし，$\lambda_1 \leqq \lambda_2$ とすれば，任意の $\varepsilon>0$ に対し

$$\lim_{t\to\infty} |\varphi_1(t)|k(t)^{\lambda_1-\varepsilon} = 0,$$

$$\lim_{t\to\infty} |\varphi_2(t)|k(t)^{\lambda_1-\varepsilon} \leqq \lim_{t\to\infty} |\varphi_2(t)|k(t)^{\lambda_2-\varepsilon} = 0,$$

したがって

$$\lim_{t\to\infty} |\varphi_1(t)+\varphi_2(t)|k(t)^{\lambda_1-\varepsilon} \leqq \lim_{t\to\infty} |\varphi_1(t)|k(t)^{\lambda_1-\varepsilon}+\lim_{t\to\infty} |\varphi_2(t)|k(t)^{\lambda_1-\varepsilon} = 0.$$

ゆえに(3.4)により

$$\lambda(\varphi_1(t)+\varphi_2(t), k(t)) \geqq \lambda_1-\varepsilon.$$

$\varepsilon>0$ は任意に小さくとってよいから

$$\lambda(\varphi_1(t)+\varphi_2(t), k(t)) \geqq \lambda_1.$$

$\lambda_1<\lambda_2$ のときは $\lambda_2-\lambda_1=2\varepsilon\ (>0)$ とすれば

$$\limsup_{t\to\infty} |\varphi_1(t)|k(t)^{\lambda_1+\varepsilon} = \infty,$$

$$\limsup_{t\to\infty} |\varphi_2(t)|k(t)^{\lambda_1+\varepsilon} = \lim_{t\to\infty} |\varphi_2(t)|k(t)^{\lambda_2-\varepsilon} = 0.$$

ゆえに

$$\limsup_{t\to\infty} |\varphi_1(t)+\varphi_2(t)|k(t)^{\lambda_1+\varepsilon} \geqq \limsup_{t\to\infty} \Big||\varphi_1(t)|k(t)^{\lambda_1+\varepsilon}-|\varphi_2(t)|k(t)^{\lambda_1+\varepsilon}\Big| = \infty.$$

したがって(3.3)により

$$\lambda(\varphi_1(t)+\varphi_2(t), k(t)) \leqq \lambda_1+\varepsilon.$$

ε は任意であるから

$$\lambda(\varphi_1(t)+\varphi_2(t), k(t)) \leqq \lambda_1.$$

これと，すでに証明した関係とから

$$\lambda(\varphi_1(t)+\varphi_2(t), k(t)) = \lambda_1.$$

なお，$\lambda_1=\lambda_2$ のときは実際に(1)において不等号が成り立つことがあるのをみるには，たとえば

$$\lambda(\varphi(t), k(t)) < \infty$$

であるような関数 $\varphi(t)$ をとり，$\varphi_1(t)=\varphi(t)$，$\varphi_2(t)=-\varphi(t)$ とおいてみればよい．明らかに $\lambda_1=\lambda_2<\infty$ で，しかも

$$\lambda(\varphi_1(t)+\varphi_2(t), k(t)) = \lambda(0, k(t)) = \infty.$$

(2)は(1)から明らかである．

(3)の証明．$\min_i \lambda(\varphi_i(t), k(t))=\lambda(\varphi_j(t), k(t))=\lambda_j$ とする．$\varphi_i(t)\geqq 0$ であるから $\sum_{i=1}^m \varphi_i(t)\geqq\varphi_j(t)$．ゆえに $\varepsilon>0$ ならば

$$\limsup_{t\to\infty}\left|\sum_{i=1}^{m}\varphi_i(t)\right|k(t)^{\lambda_j+\varepsilon}=\limsup_{t\to\infty}\sum_{i=1}^{m}\varphi_i(t)\cdot k(t)^{\lambda_j+\varepsilon}$$
$$\geqq \limsup_{t\to\infty}\varphi_j(t)k(t)^{\lambda_j+\varepsilon}=\infty.$$

したがって(3.3)により

$$\lambda\left(\sum_{i=1}^{m}\varphi_i(t),k(t)\right)\leqq \lambda_j+\varepsilon.$$

ε は任意だから

$$\lambda\left(\sum_{i=1}^{m}\varphi_i(t),k(t)\right)\leqq \lambda_j.$$

これと(2)とから求める結果を得る.

(4)は特性数の定義から明らかである.

(5)の証明. $\lambda(\varphi_1(t),k(t))=\lambda_1$, $\lambda(\varphi_2(t),k(t))=\lambda_2$ とすれば, $\varepsilon>0$ のとき

$$\lim_{t\to\infty}|\varphi_1(t)\varphi_2(t)|k(t)^{\lambda_1+\lambda_2-2\varepsilon}=\lim_{t\to\infty}|\varphi_1(t)|k(t)^{\lambda_1-\varepsilon}\cdot\lim_{t\to\infty}|\varphi_2(t)|k(t)^{\lambda_2-\varepsilon}=0.$$

したがって(3.4)により

$$\lambda(\varphi_1(t)\varphi_2(t),k(t))\geqq \lambda_1+\lambda_2-2\varepsilon.$$

ε は任意であるから

$$\lambda(\varphi_1(t)\varphi_2(t),k(t))\geqq \lambda_1+\lambda_2.$$

(6)の証明. (2)により

$$\lambda\left(\sum_{i=1}^{m}\psi_i(t)\varphi_i(t),k(t)\right)\geqq \min_i \lambda(\psi_i(t)\varphi_i(t),k(t)).$$

(5)により

$$\lambda(\psi_i(t)\varphi_i(t),k(t))\geqq \lambda(\psi_i(t),k(t))+\lambda(\varphi_i(t),k(t)).$$

一方すべての $\varepsilon>0$ に対し

$$\lim_{t\to\infty}|\psi_i(t)|k(t)^{-\varepsilon}\leqq \lim_{t\to\infty}M_ik(t)^{-\varepsilon}=0.$$

ゆえに(3.4)により $\lambda(\psi_i(t),k(t))\geqq -\varepsilon$. かつ ε は任意であるから,

$$\lambda(\psi_i(t),k(t))\geqq 0.$$

したがって

$$\lambda(\psi_i(t)\varphi_i(t),k(t))\geqq \lambda(\varphi_i(t),k(t)).$$

すなわち

$$\min_i \lambda(\psi_i(t)\varphi_i(t), k(t)) \geqq \min_i \lambda(\varphi_i(t), k(t)).$$

これから求める結果を得る．∎

ベクトル $x(t)=(x_1(t), \cdots, x_n(t))$ に対しては，それのノルム $\|x(t)\|$ の特性数をもって，$x(t)$ の特性数と定義する．すなわち

$$\lambda(x(t), k(t)) = \lambda(\|x(t)\|, k(t)).$$

補題 3.1 $\lambda(x(t), k(t)) = \min_i \lambda(x_i(t), k(t))$.

証明 まず

$$\lambda((\varphi(t))^2, k(t)) = 2\lambda(\varphi(t), k(t))$$

を証明する．実際 $\lambda(\varphi(t), k(t))=\lambda$ とおけば

$$\limsup_{t\to\infty} |\varphi(t)|k(t)^{\lambda+\varepsilon} = \infty$$

であるから $t_i\to\infty$ となる数列 $\{t_i\}$ が存在して

$$|\varphi(t_i)|k(t_i)^{\lambda+\varepsilon} \longrightarrow \infty \qquad (\varepsilon>0).$$

これから

$$|\varphi(t_i)|^2 k(t_i)^{2\lambda+2\varepsilon} \longrightarrow \infty$$

となるから

$$\limsup_{t\to\infty} |\varphi(t)|^2 k(t)^{2\lambda+2\varepsilon} = \infty.$$

ゆえに (3.3) により，任意の $\varepsilon>0$ に対し

$$\lambda((\varphi(t))^2, k(t)) \leqq 2\lambda+2\varepsilon.$$

すなわち

$$\lambda((\varphi(t))^2, k(t)) \leqq 2\lambda.$$

一方，特性数の性質 (5) により，

$$\lambda((\varphi(t))^2, k(t)) \geqq 2\lambda.$$

これから

$$\lambda((\varphi(t))^2, k(t)) = 2\lambda = 2\lambda(\varphi(t), k(t)) \tag{3.5}$$

を得る．そこで $\varphi(t)=\sqrt{\sum_{i=1}^n (x_i(t))^2}=\|x(t)\|$ に対して (3.5) を使えば

$$2\lambda(x(t), k(t)) = 2\lambda(\|x(t)\|, k(t)) = \lambda\left(\sum_{i=1}^n (x_i(t))^2, k(t)\right). \tag{3.6}$$

一方性質 (3) により

(3.7) $$\lambda\left(\sum_{i=1}^{n}(x_i(t))^2, k(t)\right) = \min_i \lambda((x_i(t))^2, k(t)).$$

ここで再び(3.5)を使えば

(3.8) $$\lambda((x_i(t))^2, k(t)) = 2\lambda(x_i(t), k(t)).$$

(3.6), (3.7), (3.8)から

$$2\lambda(x(t), k(t)) = \min_i 2\lambda(x_i(t), k(t)).$$

すなわち

$$\lambda(x(t), k(t)) = \min_i \lambda(x_i(t), k(t))$$

が得られる. ▮

ベクトルの特性数についても, 次の性質が成り立つことは容易にわかる.

(7) $x(t)$が定数ベクトルならば $x \neq 0$ のとき $\lambda(x, k(t))=0$, $x=0$ のとき $\lambda(x, k(t))=\infty$.

(8) c が0でない定数ならば $\lambda(cx(t), k(t))=\lambda(x(t), k(t))$.

(9) $\lambda\left(\sum_{i=1}^{m} x^i(t), k(t)\right) \geqq \min_i \lambda(x^i(t), k(t))$.

(7), (8)は明らかである. (9)は

$$\left\|\sum_{i=1}^{m} x^i(t)\right\| \leqq \sum_{i=1}^{m}\|x^i(t)\|$$

および $|\varphi(t)| \geqq |\psi(t)|$ ならば

$$\lambda(\varphi(t), k(t)) \leqq \lambda(\psi(t), k(t))$$

であるということを用いれば直ちに証明される.

補題 3.2 m 個のベクトル $x^1(t), \cdots, x^m(t)$ があって, それらの特性数が互いに異なるならば, $x^1(t), \cdots, x^m(t)$ は1次独立である.

証明 1次独立でないとすれば

$$c_1 x^1(t) + \cdots + c_m x^m(t) = 0$$

なる関係が成り立ち, $c_1, \cdots, c_m$ の中には0でないものがある. 簡単のために $c_1 \neq 0$, $\cdots$, $c_r \neq 0$ $(r \leqq m)$, $c_k = 0$ $(k > r)$ と考えておく. すなわち

$$c_1 x^1(t) + \cdots + c_r x^r(t) = 0, \qquad c_1 \neq 0, \ \cdots, \ c_r \neq 0.$$

$\lambda(c_i x^i(t), k(t)) = \lambda_i$ とおく. $c_i \neq 0$ であるから $\lambda_i = \lambda(x^i(t), k(t))$ である. $\lambda_1, \cdots, \lambda_r$ のうち最小のものを λ_j とする.

$x^i(t)$ の成分を $x_{1i}(t), \cdots, x_{ni}(t)$ とすれば，補題 3.1 により $\lambda(x^i(t), k(t)) = \min_k \lambda(x_{ki}(t), k(t))$ であるから，λ_j は $x^j(t)$ の成分のうちのどれかの特性数に等しい．そこで

$$\lambda_j = \lambda(x_{1j}(t), k(t))$$

とおいて一般性を失わない．

仮定により $\lambda_1, \cdots, \lambda_r$ はすべて異なるから，

$$\lambda_j < \lambda_i \qquad (i \neq j).$$

したがって

$$\lambda_j < \lambda(x_{1i}(t), k(t)) \qquad (i \neq j).$$

$c_i \neq 0$ であるから

$$\lambda_j = \lambda(c_j x_{1j}(t), k(t)) < \lambda(c_i x_{1i}(t), k(t)) \qquad (i \neq j).$$

ゆえに特性数の性質 (2) により

$$\lambda\left(\sum_{i=1}^{r} c_i x_{1i}(t), k(t)\right) = \lambda_j.$$

一方 $\sum_{i=1}^{r} c_i x_{1i}(t) = 0$ であるから

$$\lambda\left(\sum_{i=1}^{r} c_i x_{1i}(t), k(t)\right) = \infty.$$

ところが $\lambda_j < \lambda_i \ (i \neq j)$ であるから明らかに $\lambda_j < \infty$ で，これは矛盾である．ゆえに $x^1(t), \cdots, x^n(t)$ は 1 次独立でなければならない．▌

§3.2 定数係数線型方程式の解と Ljapunov 数

これから同次線型方程式

$$\frac{dx}{dt} = A(t)x$$

の解 $x(t)$ の e^t に関する特性数，すなわち Ljapunov 数を評価する問題について述べるのであるが，まず，もっとも簡単な場合として $A(t)$ が定数行列である場合からはじめよう．

このときは §1.3 で証明したように，

$$x = \varphi_k{}^1(t) = e^{\lambda_1 t} P_k{}^1(t), \qquad k = 1, \cdots, n_1,$$

$$\cdots\cdots\cdots\cdots\cdots$$

$$x=\varphi_k{}^r(t)=e^{\lambda_r t}P_k{}^r(t), \qquad k=1,\cdots,n_r$$

のような形をもった n 個の 1 次独立な解がある．ただし $\lambda_1,\cdots,\lambda_r$ は A の固有値，$n_1,\cdots,n_r$ はそれらの多重度，$P_k{}^j(t)$ はすべて t の多項式である．

これらの解を，さらに $\mathrm{Re}\,\lambda_j$ の等しいもの同志まとめてしまうと，この解はまた次のように表される．

$$(3.9)\qquad \begin{aligned} &x=\psi_k{}^1(t)=e^{-\mu_1 t}p_k{}^1(t), \qquad k=1,\cdots,m_1,\\ &x=\psi_k{}^2(t)=e^{-\mu_2 t}p_k{}^2(t), \qquad k=1,\cdots,m_2,\\ &\cdots\cdots\cdots\cdots\cdots\\ &x=\psi_k{}^s(t)=e^{-\mu_s t}p_k{}^s(t), \qquad k=1,\cdots,m_s,\\ &m_1+m_2+\cdots+m_s=n, \qquad \mu_1<\mu_2<\cdots<\mu_s. \end{aligned}$$

ここに $\mu_1,\cdots,\mu_s$ は $-\mathrm{Re}\,\lambda_1,\cdots,-\mathrm{Re}\,\lambda_r$ のうち互いに異なるものを小さい方から順にならべたものであり，$p_k{}^j(t)$ は

$$e^{i\nu t}\times(t\ \text{の多項式}) \qquad (\nu\ \text{は実数})$$

のような形をもつ t の関数である．

(3.9) の形からわかるように，$\psi_k{}^j(t)$ の Ljapunov 数は μ_j である．いま

$$(3.10)\qquad m_1\mu_1+m_2\mu_2+\cdots+m_s\mu_s=\mu$$

とおく．μ_k の定義から明らかなように

$$(3.11)\qquad \mu=-n_1\,\mathrm{Re}\,\lambda_1-\cdots-n_r\,\mathrm{Re}\,\lambda_r=-\mathrm{Re}(\mathrm{tr}\,A)=-\mathrm{tr}\,A$$

である (A の要素は実数であるから $\mathrm{Re}(\mathrm{tr}\,A)=\mathrm{tr}\,A$)．

定理 3.1 微分方程式

$$(3.12)\qquad \frac{dx}{dt}=Ax \qquad (A\ \text{は定数行列})$$

の任意の基本行列を $\Phi(t)$ とすれば

$$\lambda(|\Phi(t)|)=\mu.$$

証明 定理 1.9 により

$$\begin{aligned} |\Phi(t)| &= |\Phi(t_0)|\exp\left(\int_{t_0}^{t}\mathrm{tr}\,A d\tau\right)\\ &= |\Phi(t_0)|e^{-\mu(t-t_0)}\\ &= |\Phi(t_0)|e^{\mu t_0}e^{-\mu t}. \end{aligned}$$

$\Phi(t)$ が基本行列であるから

$$|\Phi(t_0)| \neq 0.$$

ゆえに $\lambda(|\Phi(t)|)=\mu$ である. ∎

(3.12)の任意の解は, 1次独立な解(3.9)の線型結合として

$$x(t)=\sum_{j=1}^{s}\sum_{k=1}^{m_j} c_{jk}\psi_k{}^j(t)$$

と書くことができる. 番号 j のうちで

$$c_{jk}=0, \quad k=1,\cdots,m_j$$

となるようなものを除いたのこりの番号を $j(1),\cdots,j(\sigma)\ (\sigma\leqq s)$ とすれば, これはまた

$$x(t)=\sum_{l=1}^{\sigma}\sum_{k=1}^{m_{j(l)}} c_{j(l)k}\psi_k{}^{j(l)}(t)$$

と書かれる. このとき, 次の定理が成り立つ.

定理 3.2 $$\lambda(x(t))=\min_{l}\mu_{j(l)}.$$ ——

この定理を証明するための準備として, まず次の補題を証明する.

補題 3.3 行列 $X(t)$ の列ベクトルを $x^1(t),\cdots,x^n(t)$ とし, それらの Ljapunov 数をそれぞれ $\nu_1,\cdots,\nu_n$ とすれば

$$\lambda(|X(t)|)\geqq \nu_1+\cdots+\nu_n.$$

証明 $x^k(t)$ の成分を $x_{1k}(t),\cdots,x_{nk}(t)$ とすれば補題3.1により

$$\nu_k=\lambda(x^k(t))=\min_{i}\lambda(x_{ik}(t)).$$

ゆえに一般に

$$\nu_k\leqq\lambda(x_{ik}(t)). \tag{3.13}$$

さて行列式 $|X(t)|$ は, $(p_1,\cdots,p_n)$ を $(1,\cdots,n)$ の任意の順列とするとき

$$\pm x_{p_11}(t)x_{p_22}(t)\cdots x_{p_nn}(t)$$

の形の項の和である. ゆえに特性数の性質(2), (5)および(3.13)から

$$\begin{aligned}
\lambda(|X(t)|) &\geqq \min_{(p_1,\cdots,p_n)}\lambda(x_{p_11}(t)\cdots x_{p_nn}(t))\\
&\geqq \min_{(p_1,\cdots,p_n)}(\lambda(x_{p_11}(t))+\cdots+\lambda(x_{p_nn}(t)))\\
&\geqq \min_{(p_1,\cdots,p_n)}(\nu_1+\cdots+\nu_n)\\
&=\nu_1+\cdots+\nu_n.
\end{aligned}$$

∎

定理 3.2 の証明　記述を簡単にするために，

$$j(1)=1,\quad \cdots,\quad j(\sigma)=\sigma \qquad (\sigma\leqq s)$$

とおいて証明を行う．（必要ならば番号をつけ直すことによってつねにこの場合に帰着できる.）すなわち

$$x(t)=\sum_{j=1}^{\sigma}\sum_{k=1}^{m_j} c_{jk}\psi_k{}^j(t)$$

で，各 $j\,(1\leqq j\leqq\sigma)$ に対して $c_{j1},\cdots,c_{jm_j}$ の中には少なくとも一つ 0 でないものがある．$\mu_1<\mu_2<\cdots<\mu_\sigma$ であるから，

$$\lambda(x(t))=\mu_1$$

であることを示せばよい．ところが§3.1で述べたベクトルの特性数の性質(8)，(9)により

$$\lambda(x(t))\geqq\mu_1$$

であることは直ちにわかる．

いま $\lambda(x(t))=\mu_0>\mu_1$ と仮定してみる．$c_{1k}\ (k=1,\cdots,m_1)$ の中には 0 でないものがあるから，$c_{11}\neq 0$ として一般性を失わない．そのとき $\psi_1{}^1(t)$ は $x(t)$, $\psi_k{}^1(t)$ $(k=2,\cdots,m_1)$, $\psi_k{}^j(t)\ (k=1,\cdots,m_j,\ j=2,\cdots,\sigma)$ の線型結合として表されるから $x(t)$, $\psi_k{}^1(t)\ (k=2,\cdots,m_1)$, $\psi_k{}^j(t)\ (k=1,\cdots,m_j,\ j=2,\cdots,s)$ は方程式(3.12)の解の基底をなす．そこでこれらのベクトルを列ベクトルとする行列 $X(t)$ をつくれば，それは(3.12)の基本行列である．

さて $X(t)$ の列ベクトル $x(t)$；$\psi_2{}^1(t),\cdots,\psi_{m_1}{}^1(t)$；$\psi_1{}^2(t),\cdots,\psi_{m_2}{}^2(t)$；$\cdots$；$\psi_1{}^s(t),\cdots,\psi_{m_s}{}^s(t)$ の Ljapunov 数はそれぞれ

$$\mu_0;\ \underbrace{\mu_1,\cdots,\mu_1}_{m_1-1\text{ 個}};\ \underbrace{\mu_2,\cdots,\mu_2}_{m_2\text{ 個}};\ \cdots;\ \underbrace{\mu_s,\cdots,\mu_s}_{m_s\text{ 個}}$$

であるから補題 3.3 により

$$\begin{aligned}\lambda(|X(t)|)&\geqq\mu_0+(m_1-1)\mu_1+m_2\mu_2+\cdots+m_s\mu_s\\&=\mu+(\mu_0-\mu_1).\end{aligned}$$

$\mu_0>\mu_1$ と仮定したから

$$\lambda(|X(t)|)>\mu.$$

これは定理 3.1 と矛盾する．ゆえに

$$\lambda(x(t))=\mu_1.$$

∎

解(3.9)を解の基底としてとるとき，これを方程式(3.12)の**標準基底**とよぶ．

いま(3.9)の標準基底をあらためて

$$\varphi^1(t), \cdots, \varphi^n(t)$$

と書き直し，その Ljapunov 数をそれぞれ

$$\nu_1, \cdots, \nu_n$$

と書くことにする．ν_j はもちろん $-\mathrm{Re}\,\lambda_1, \cdots, -\mathrm{Re}\,\lambda_r$ のうちのどれか一つに等しい．

(3.12)の解 $x(t)$ を標準基底を使って

$$x(t) = c_1\varphi^1(t) + \cdots + c_n\varphi^n(t)$$

と表したとき，$c_j \neq 0$ であるような番号 j が

$$j_1, \cdots, j_p$$

であれば

$$\lambda(x(t)) = \min_k \nu_{j_k}$$

である――というのが定理3.2の結論である．

この性質は標準基底の特徴であって，それ以外の任意の基底をとった場合には一般に成り立たない．たとえば微分方程式

$$\frac{dx}{dt} = \begin{bmatrix} 1 & 0 \\ 0 & -1 \end{bmatrix} x$$

の標準基底は

$$\varphi^1(t) = \begin{bmatrix} e^t \\ 0 \end{bmatrix}, \qquad \varphi^2(t) = \begin{bmatrix} 0 \\ e^{-t} \end{bmatrix}$$

で，その Ljapunov 数はそれぞれ $-1, 1$ である．

ところが

$$\psi^1(t) = \varphi^1(t) = \begin{bmatrix} e^t \\ 0 \end{bmatrix}, \qquad \psi^2(t) = \begin{bmatrix} e^t \\ e^{-t} \end{bmatrix}$$

もやはり基底であって，それらの Ljapunov 数はいずれも -1 である．いま，たとえば $\varphi^2(t)$ を上の基底によって表せば

$$\varphi^2(t) = -\psi^1(t) + \psi^2(t),$$
$$\lambda(\varphi^2(t)) = 1, \qquad \min(\lambda(\psi^1(t)), \lambda(\psi^2(t))) = -1$$

であるから基底 $\psi^1(t), \psi^2(t)$ に関しては定理3.2の結論は成り立たない．

定理3.2から容易にわかるように，$\varphi^1(t), \cdots, \varphi^n(t)$ を標準基底，$\psi^1(t), \cdots, \psi^n(t)$ をそれ以外の任意の基底とすれば

$$\lambda(\varphi^1(t))+\cdots+\lambda(\varphi^n(t)) \geqq \lambda(\psi^1(t))+\cdots+\lambda(\psi^n(t))$$

が成り立つ．これも標準基底の重要な特徴である．

§3.3　有界な係数をもつ線型方程式

こんどはより一般の方程式

$$\frac{dx}{dt} = A(t)x \tag{3.14}$$

を考える．ただし $A(t)$ の成分 $a_{jk}(t)$ はすべて $\tau \leqq t < \infty$ において連続，かつ有界であるとする．

定数係数の場合の結果から類推して，この場合も解の $t \to \infty$ における増大（あるいは減少）の様子を e^t に関する特性数，すなわち Ljapunov 数を使って評価することが有効であるように思われる．

本論にはいる前に，われわれはまず Perron による次の補題を証明しておく．

補題3.4　$\lambda(\varphi(t))$ は

$$-\limsup_{t\to\infty} \frac{\log|\varphi(t)|}{t}$$

に等しい．

証明

$$\nu = -\limsup_{t\to\infty} \frac{\log|\varphi(t)|}{t}$$

とすれば，$t_n \to \infty$ となる数列 $\{t_n\}$ が存在して

$$\lim_{n\to\infty} \frac{\log|\varphi(t_n)|}{t_n} = -\nu.$$

したがって任意の $\varepsilon>0$ に対し，n を十分大きくとれば

$$-\varepsilon < \frac{\log|\varphi(t_n)|}{t_n}+\nu < \varepsilon.$$

これから二つの不等式

$$\frac{\log|\varphi(t_n)|}{t_n}+\nu+2\varepsilon > \varepsilon, \tag{3.15}$$

$$\frac{\log|\varphi(t_n)|}{t_n}+\nu-2\varepsilon < -\varepsilon \tag{3.16}$$

が得られる．(3.15)から

$$\log|\varphi(t_n)|+(\nu+2\varepsilon)t_n > \varepsilon t_n.$$

したがって

$$|\varphi(t_n)|e^{(\nu+2\varepsilon)t_n} > e^{\varepsilon t_n}.$$

ここで $n\to\infty$ とすれば $\varepsilon>0$ であるから $e^{\varepsilon t_n}\to\infty$．ゆえに

$$\limsup_{t\to\infty}|\varphi(t)|e^{(\nu+2\varepsilon)t} = \infty. \tag{3.17}$$

(3.16)から，同様にして

$$|\varphi(t_n)|e^{(\nu-2\varepsilon)t_n} < e^{-\varepsilon t_n}.$$

これから

$$\limsup_{t\to\infty}|\varphi(t)|e^{(\nu-2\varepsilon)t} = 0.$$

$|\varphi(t)|e^{(\nu-2\varepsilon)t}\geqq 0$ であるから

$$\lim_{t\to\infty}|\varphi(t)|e^{(\nu-2\varepsilon)t} = 0. \tag{3.18}$$

(3.17), (3.18)から

$$\nu = \lambda(\varphi(t)).$$

∎

解の漸近的行動の Ljapunov 数による評価が意味をもつためには，まず解が有限の Ljapunov 数をもたなければならない．たとえば解のノルムが e^{t^2} の程度で増加したり (Ljapunov 数は $-\infty$)，e^{-t^2} の程度で減少したり (Ljapunov 数は ∞) する場合には，それを $e^{\lambda t}$ のような形の関数を物差しにして測っても全く無意味だからである．次の定理は，(3.14)の解が有限の Ljapunov 数をもつことを保証してくれる．

定理 3.3 $x(t)$ を(3.14)の任意の解とする．もし

$$|a_{ik}(t)| \leqq M < \infty$$

ならば

$$-nM \leqq \lambda(x(t)) \leqq nM.$$

証明 η を実数として $xe^{\eta t}=y$ とおけば

$$\frac{dy}{dt} = (A(t)+\eta E)y.$$

あるいは

$$\frac{dy_j}{dt}=a_{j1}y_1+\cdots+(a_{jj}+\eta)y_j+\cdots+a_{jn}y_n,\qquad j=1,\cdots,n.$$

j 番目の方程式に y_j をかけて，それらを加えれば

$$\frac{1}{2}\frac{d}{dt}\sum_{j=1}^{n}y_j^2=\sum_{j=1}^{n}(a_{jj}+\eta)y_j^2+\sum_{j\neq k}a_{jk}y_jy_k.$$

$\sum y_i^2=u$，また右辺の第1項を P，第2項を Q とおけば

$$\frac{1}{2}\frac{du}{dt}=P+Q.$$

まず§2.3でもすでに用いた不等式

$$(\sum y_k)^2\leqq n\|y\|^2=n(y_1^2+\cdots+y_n^2)$$

から

$$\sum_{j\neq k}y_jy_k\leqq(n-1)u$$

が得られる．これと $|a_{jk}|<M$ とから

$$|Q|<(n-1)Mu.$$

次に

$$\eta_0=nM+\frac{\varepsilon}{2}\qquad(\varepsilon>0)\tag{3.19}$$

とおけば $\eta\geqq\eta_0$ に対し

$$a_{jj}+\eta\geqq\eta_0-M=(n-1)M+\frac{\varepsilon}{2}>0$$

であるから

$$P\geqq(\eta_0-M)u>0.$$

したがって

$$\frac{1}{2}\frac{du}{dt}\geqq(\eta_0-M)u-|Q|>(\eta_0-M)u-(n-1)Mu.$$

η_0 の値を代入すれば

$$\frac{1}{2}\frac{du}{dt}>\frac{\varepsilon}{2}u.$$

$u>0$ であるから，両辺を u で割って t_0 から $t(>t_0)$ まで積分すれば

$$\log u(t)-\log u(t_0)>\varepsilon(t-t_0),$$

すなわち

$$(3.20)\qquad u(t) > c_1 e^{\varepsilon t}, \quad c_1 = u(t_0)e^{-\varepsilon t_0}, \quad \eta \geqq \eta_0.$$

次に $\eta \leqq -\eta_0$ とおいて同様な議論をくりかえすと

$$\frac{1}{2}\frac{du}{dt} < -\frac{\varepsilon}{2}u$$

が導かれ，これから

$$(3.21)\qquad u(t) < c_2 e^{-\varepsilon t}, \quad \eta \leqq -\eta_0$$

を得る．

$\|x(t)\|^2 e^{2\eta t} = \|y\|^2 = u$ であるから，(3.20), (3.21) により

$$\lim_{t\to\infty} \|x(t)\|^2 e^{2\eta t} = \infty, \quad \eta \geqq \eta_0,$$

$$\lim_{t\to\infty} \|x(t)\|^2 e^{2\eta t} = 0, \quad \eta \leqq -\eta_0.$$

これから

$$-2\eta_0 \leqq \lambda(\|x(t)\|^2) \leqq 2\eta_0$$

あるいは (3.19) から

$$-2nM-\varepsilon \leqq \lambda(\|x(t)\|^2) \leqq 2nM+\varepsilon.$$

ε は任意であるから

$$-2nM \leqq \lambda(\|x(t)\|^2) \leqq 2nM.$$

補題3.1の証明のはじめに示したように

$$\lambda(\|x(t)\|^2) = 2\lambda(\|x(t)\|) = 2\lambda(x(t))$$

であるから

$$-nM \leqq \lambda(x(t)) \leqq nM. \qquad \blacksquare$$

補題3.2によれば特性数の異なるベクトルは互いに1次独立である．ところが (3.14) の1次独立な解は n 個しかないから，解の Ljapunov 数は高々 n 個しかない．そこでこれらの Ljapunov 数を

$$\mu_1, \cdots, \mu_r \qquad (r \leqq n)$$

としよう．

$X(t)$ を任意の基本行列とし，その列ベクトルを $x^1(t), \cdots, x^n(t)$ とする．$x^k(t)$ の Ljapunov 数を ν_k とすれば ν_k はもちろん $\mu_1, \cdots, \mu_r$ のうちのどれかに等しい．そこで $\nu_1, \cdots, \nu_n$ のうちに μ_1 に等しいものが n_1 個，μ_2 に等しいものが n_2 個，…，

μ_r に等しいものが n_r 個あるとすれば

$$\nu_1+\cdots+\nu_n = n_1\mu_1+\cdots+n_r\mu_r$$

である．この数を $\nu(X)$ で表そう．$\nu(X)$ の値が X のえらび方によって一般に変化することは，$A(t)$ が定数である場合についてすでに見た通りである．そして $X(t)$ の列ベクトルが標準基底である場合に，$\nu(X)$ が最大の値をとることも §3.2 の終りで注意した．

この最後の事実に注目して，われわれは，方程式(3.14)についても，$\nu(X)$ がその最大値をとるとき，$X(t)$ の列ベクトルは(3.14)の**標準基底**をなすと定義することにする．

標準基底をこのように定義すると，定理3.2と全く同様な次の定理が成り立つ．

定理 3.4 基本行列 $\Phi(t)$ の列ベクトル $\varphi^1(t), \cdots, \varphi^n(t)$ は標準基底をなすものとする．

$$x(t) = \sum_{j=1}^{n} c_j\varphi^j(t)$$

で，$c_j \neq 0$ であるような j の値が $j_1, \cdots, j_\sigma\,(\sigma \leqq n)$ ならば，

$$\lambda(x(t)) = \min_k \lambda(\varphi^{j_k}(t)).$$

証明 すべての基本行列 $X(t)$ に対する $\nu(X)$ の最大値を μ とすれば，$\varphi^1(t), \cdots, \varphi^n(t)$ が標準基底であるから

$$\nu(\Phi) = \mu.$$

したがって $\varphi^k(t)$ の Ljapunov 数を ν_k とすれば，

$$\nu_1+\cdots+\nu_n = \mu.$$

必要ならば番号のつけかえを行うことにより

$$\nu_1 \leqq \nu_2 \leqq \cdots \leqq \nu_n$$

と仮定してよい．

また，定理3.2の証明におけると同様に

$$j_1 = 1, \quad \cdots, \quad j_\sigma = \sigma,$$

したがって

$$x(t) = \sum_{j=1}^{\sigma} c_j\varphi^j(t), \qquad c_j \neq 0$$

として証明を行えば十分であることも明らかであろう．

ベクトルの特性数の性質(8), (9)(§3.1)から

$$\lambda(x(t)) \geqq \min(\nu_1, \cdots, \nu_\sigma) = \nu_1$$

となることは明らかである．そこで

$$\lambda(x(t)) = \nu_0 > \nu_1$$

と仮定してみよう．

$c_1 \neq 0$ であるから

$$x(t), \varphi^2(t), \cdots, \varphi^n(t)$$

も解の基底をなす．そしてこの基底を列ベクトルにもつ基本行列を $X(t)$ とすれば

$$\nu(X) = \nu_0 + \nu_2 + \cdots + \nu_n = \mu + (\nu_0 - \nu_1).$$

$\nu_0 > \nu_1$ であるから

$$\nu(X) > \mu.$$

これは μ が $\nu(X)$ の最大値であることと矛盾する．ゆえに

$$\lambda(x(t)) = \nu_1. \qquad \blacksquare$$

次に $\nu(X)$ の最大値を評価してみよう．$A(t)$ が定数行列の場合には§3.2で示したようにそれは $-\mathrm{tr}\, A$ に等しかった．しかし，$A(t)$ が t の関数である場合にはこのような正確な評価は得られない．

定理 3.5　$X(t)$ を(3.14)の基本行列とすれば

$$\nu(X) \leqq -\limsup_{t\to\infty} \frac{1}{t}\int_{t_0}^{t} \mathrm{tr}\, A(\tau)d\tau.$$

証明　X の列ベクトルを $x^1(t), \cdots, x^n(t)$ とし，その Ljapunov 数を $\nu_1, \cdots, \nu_n$ とすれば，補題3.3により

$$\lambda(|X(t)|) \geqq \nu_1 + \cdots + \nu_n = \nu(X).$$

ところが

$$|X(t)| = |X(t_0)| \exp\left(\int_{t_0}^{t} \mathrm{tr}\, A(\tau)d\tau\right)$$

で，$|X(t_0)| \neq 0$ であるから，

$$\lambda(|X(t)|) = \lambda\left(\exp\left(\int_{t_0}^{t} \mathrm{tr}\, A(\tau)d\tau\right)\right).$$

補題3.4により

$$\lambda\left(\exp\left(\int_{t_0}^{t}\mathrm{tr}\,A(\tau)d\tau\right)\right) = -\limsup_{t\to\infty}\frac{\log\left|\exp\left(\int_{t_0}^{t}\mathrm{tr}\,A(\tau)d\tau\right)\right|}{t}$$
$$= -\limsup_{t\to\infty}\frac{1}{t}\int_{t_0}^{t}\mathrm{tr}\,A(\tau)d\tau.$$

これから

$$\nu(X) \leqq -\limsup_{t\to\infty}\frac{1}{t}\int_{t_0}^{t}\mathrm{tr}\,A(\tau)d\tau$$

を得る. ▮

A が定数行列のときには

$$-\limsup_{t\to\infty}\frac{1}{t}\int_{t_0}^{t}\mathrm{tr}\,A(\tau)d\tau = -\mathrm{tr}\,A$$

であり, $X(t)$ の列ベクトルが標準基底をなすならば,

$$\nu(X) = -\mathrm{tr}\,A$$

であったから, この場合には $\nu(X)$ の最大値 μ に対しては等式

$$\mu = -\limsup_{t\to\infty}\frac{1}{t}\int_{t_0}^{t}\mathrm{tr}\,A(\tau)d\tau$$

が成り立った. しかし一般の $A(t)$ に対しては, この等式は一般に成り立たない. すなわちいかなる基本行列 $X(t)$ に対しても

$$\nu(X) < -\limsup_{t\to\infty}\frac{1}{t}\int_{t_0}^{t}\mathrm{tr}\,A(\tau)d\tau$$

であるような場合がおこり得る. 次の微分方程式はそのような場合の例として Ljapunov によって与えられたものである.

例 3.2

$$\frac{dx_1}{dt} = \cos\log t\cdot x_1 + \sin\log t\cdot x_2,$$

$$\frac{dx_2}{dt} = \sin\log t\cdot x_1 + \cos\log t\cdot x_2.$$

この方程式は1次独立な解として

$$x_1 = e^{t\sin\log t}, \qquad x_2 = e^{t\sin\log t}$$

および

$$x_1 = e^{t\cos\log t}, \qquad x_2 = -e^{t\cos\log t}$$

をもつ．任意の解はこれらの1次結合として

$$x_1 = c_1 e^{t\sin\log t} + c_2 e^{t\cos\log t},$$
$$x_2 = c_1 e^{t\sin\log t} - c_2 e^{t\cos\log t}$$

と書かれる．したがって

$$\|x\|^2 = 2(c_1{}^2 e^{2t\sin\log t} + c_2{}^2 e^{2t\cos\log t}).$$

$t\to\infty$ のとき $\sin\log t$ は -1 と 1 との間で増減をくりかえすから，$\varepsilon>0$ を任意にとるとき，$t_n\to\infty$ となるような数列 $\{t_n\}$ で

$$\sin\log t_n > 1-\frac{\varepsilon}{2}$$

であるようなものをみつけることができる．

$$\|x\|^2 e^{(-2+\varepsilon)t} \geqq 2c_1{}^2 e^{2t\sin\log t} e^{(-2+\varepsilon)t}$$
$$= 2c_1{}^2 e^{2(\sin\log t - 1 + \varepsilon/2)t}$$

であるから

$$\lim_{n\to\infty} \|x\|^2 e^{(-2+\varepsilon)t_n} = \infty.$$

また $|\sin\log t|\leqq 1$，$|\cos\log t|\leqq 1$ であるから

$$\sin\log t - 1 - \frac{\varepsilon}{2} < 0, \qquad \cos\log t - 1 - \frac{\varepsilon}{2} < 0.$$

ゆえに

$$\lim_{t\to\infty} \|x\|^2 e^{(-2-\varepsilon)t} = \lim_{t\to\infty} 2(c_1{}^2 e^{2(\sin\log t-1-\varepsilon/2)t} + c_2{}^2 e^{2(\cos\log t-1-\varepsilon/2)t}) = 0.$$

したがって，任意の解 $x(t)$ に対し

$$\lambda(\|x(t)\|^2) = -2 \quad \text{すなわち} \quad \lambda(x(t)) = -1.$$

したがっていかなる基本行列 $X(t)$ に対しても

$$\nu(X) = -1-1 = -2.$$

一方

$$\int_{t_0}^t \mathrm{tr}\, A(\tau)d\tau = \int_{t_0}^t 2\cos\log\tau d\tau$$
$$= t(\sin\log t + \cos\log t) - t_0(\sin\log t_0 + \cos\log t_0).$$

ゆえに

$$-\limsup_{t\to\infty}\frac{1}{t}\int_{t_0}^{t}\mathrm{tr}\,A(\tau)d\tau=-\limsup_{t\to\infty}(\sin\log t+\cos\log t)$$

$$=-\limsup_{t\to\infty}\sqrt{2}\sin\left(\log t+\frac{\pi}{4}\right).$$

$\sin(\log t+\pi/4)\leqq 1$ で，しかも $t_n\to\infty$，かつ

$$\sin\left(\log t_n+\frac{\pi}{4}\right)=1$$

となるような数列 $\{t_n\}$ が存在するから

$$-\limsup_{t\to\infty}\sqrt{2}\sin\left(\log t+\frac{\pi}{4}\right)=-\sqrt{2}.$$

ゆえに

$$\nu(X)=-2<-\sqrt{2}=-\limsup_{t\to\infty}\frac{1}{t}\int_{t_0}^{t}\mathrm{tr}\,A(\tau)d\tau.$$ ——

Ljapunov は

$$\max_X \nu(X)=-\limsup_{t\to\infty}\frac{1}{t}\int_{t_0}^{t}\mathrm{tr}\,A(\tau)d\tau$$

が成り立つような微分方程式を**正規**な方程式とよんだ．たとえば $A(t)$ が定数行列ならば，方程式は正規である．正規な方程式においては標準基底をなす解の Ljapunov 数の和が求められるわけであるから，解の漸近的行動をしらべるのに有利な点が多い．しかしどのような方程式が正規であるかを判定することは一般には難しい．

§3.4 解の Ljapunov 数の評価

線型方程式でも解の Ljapunov 数を求めることは一般には困難である．ここではそれが求められる例をいくつかあげておこう．

定理 3.3 によれば，$|a_{ik}(t)|\leqq M$ ならば，任意の解 $x(t)$ に対し

$$-nM\leqq\lambda(x(t))\leqq nM$$

が成り立つ．ここで M は初期条件を与える時刻を t_0 としたとき，$t_0\leqq t<\infty$ における $|a_{ik}(t)|$ の上界である．一方 Ljapunov 数は $t\to\infty$ における $x(t)$ の行動によって定まる数であるから，t_0 をどこにえらんでも $\lambda(x(t))$ の値は変らない．そこで，もし

$$\lim_{t\to\infty} a_{ik}(t) = 0, \qquad i, k = 1, \cdots, n$$

ならば任意の $\varepsilon>0$ に対し，t_0 が定まって，$t_0 \leqq t < \infty$ において

$$|a_{ik}(t)| \leqq \varepsilon$$

となるから

$$-n\varepsilon \leqq \lambda(x(t)) \leqq n\varepsilon.$$

$\varepsilon>0$ は任意であるから $\lambda(x(t))=0$ となる．これと補題3.4とを組み合わせれば次の定理を得る．

定理 3.6 $\lim\limits_{t\to\infty} a_{ik}(t)=0\,(i, k=1, \cdots, n)$ ならばすべての解の Ljapunov 数は0であり，したがって

$$\limsup_{t\to\infty} \frac{\log \|x(t)\|}{t} = 0. \qquad \text{——}$$

これから次の系が得られる．

系 $0<t_0 \leqq t < \infty$ において

$$|a_{ik}(t)| \leqq at^{-\alpha} \qquad (a>0,\ \alpha>1)$$

ならば任意の解 $x(t)$ に対し $\lambda(x(t), t)=0$ である．

証明 $\log t = s$ とおけば，方程式(3.14)は

$$\frac{dx}{ds} = B(s)x, \qquad B(s) = tA(t) = e^s A(e^s).$$

ゆえに $B(s)$ の要素を $b_{ik}(s)$ とおけば

$$|b_{ik}(s)| = |ta_{ik}(t)| \leqq at^{1-\alpha}.$$

$s\to\infty$ のとき $t\to\infty$ であるから

$$\lim_{s\to\infty} |b_{ik}(s)| = 0.$$

ゆえに定理3.6により

$$\lambda(x, e^s) = \lambda(x, t) = 0. \qquad \blacksquare$$

すなわち $t\to\infty$ のとき $|a_{ik}(t)|$ が $t^{-\alpha}\,(\alpha>1)$ の程度で0に近づくならばすべての解 $x(t)$ に対し

$$\limsup_{t\to\infty} \|x(t)\| t^{\varepsilon} = \infty, \qquad \lim_{t\to\infty} \|x(t)\| t^{-\varepsilon} = 0 \qquad (\varepsilon>0)$$

が成り立つ．

補題 3.5 $P(t)$ は正則な行列で，$P(t), P^{-1}(t)$ の要素をそれぞれ $p_{ik}(t), q_{ik}(t)$

とするとき，それらはすべて $t_0 \leqq t < \infty$ において連続かつ有界であるとする．このとき

$$y(t) = P(t)x(t)$$

とすれば $x(t)$ と $y(t)$ とは同一の特性数をもつ．

証明　$x(t), y(t)$ の成分をそれぞれ $(x_1(t), \cdots, x_n(t))$, $(y_1(t), \cdots, y_n(t))$ とすれば

$$y_j(t) = \sum p_{jk}(t) x_k(t), \tag{3.22}$$

$$x_j(t) = \sum q_{jk}(t) y_k(t). \tag{3.23}$$

特性数の性質(6)により，(3.22)から

$$\lambda(y_j(t), k(t)) \geqq \min_i \lambda(x_i(t), k(t)) = \lambda(x(t), k(t)).$$

ゆえに

$$\lambda(y(t), k(t)) = \min_j \lambda(y_j(t), k(t)) \geqq \lambda(x(t), k(t)).$$

同様に(3.23)から

$$\lambda(x(t), k(t)) \geqq \lambda(y(t), k(t)).$$

ゆえに

$$\lambda(x(t), k(t)) = \lambda(y(t), k(t)).$$ ∎

行列 $P(t)$ が補題3.5の条件を満足するには $p_{ik}(t)$ および $|P(t)|^{-1}$ が連続で有界ならばよい．このような性質をもつ行列を **Ljapunov 行列**という．補題3.5は，Ljapunov 行列による1次変換では特性数が変化しないことを示している．

したがってもし適当な Ljapunov 行列によって方程式(3.14)：

$$\frac{dx}{dt} = A(t)x$$

が定数係数の方程式

$$\frac{dx}{dt} = Cx \qquad (C \text{ は定数行列})$$

に変換されるならば，C の固有値を求めることによって(3.14)の解の Ljapunov 数が求められる．

たとえば $A(t)$ が周期的な場合，すなわち $\omega > 0$ が存在して $A(t+\omega) = A(t)$ である場合には，定理1.17により周期 ω の周期関数を要素とする正則な行列によ

って，定数係数の方程式に変換され，その係数の行列の固有値は(3.14)の特性指数である．したがって次の定理を得る．

定理 3.7　(3.14)において $A(t)$ が周期的な行列であり，その特性指数が $\lambda_1, \cdots, \lambda_r$ であるならば，その解の Ljapunov 数は $-\mathrm{Re}\,\lambda_1, \cdots, -\mathrm{Re}\,\lambda_r$ である．——

$A(t)$ が対角型の行列ならば，方程式(3.14)は

$$\frac{dx_j}{dt} = a_{jj}(t)x_j, \qquad j = 1, \cdots, n$$

となるから，第 k 番目の成分が

$$\exp\left(\int_{t_0}^{t} a_{kk}(\tau)d\tau\right)$$

で，それ以外の成分が0であるようなベクトルを $\varphi^k(t)$ とすれば $\varphi^1(t), \cdots, \varphi^n(t)$ は解の基底であり，$\varphi^k(t)$ の Ljapunov 数を ν_k とすれば

$$\begin{aligned}\nu_k &= -\limsup_{t\to\infty} \frac{1}{t}\log\left|\exp\left(\int_{t_0}^{t} a_{kk}(\tau)d\tau\right)\right| \\ &= -\limsup_{t\to\infty} \frac{1}{t}\int_{t_0}^{t} a_{kk}(\tau)d\tau\end{aligned}$$

となる．したがってこの場合には解の Ljapunov 数が求められるわけである．

それでは $t\to\infty$ のとき $A(t)$ が対角型に近づく場合，すなわち

$$i \neq k \quad ならば \quad \lim_{t\to\infty} a_{ik}(t) = 0$$

である場合にも類似の結果が得られるのではなかろうか．ある条件の下でこの疑問に答えるのが次に述べる **Perron の定理**である．

定理 3.8　方程式(3.14)：

$$\frac{dx}{dt} = A(t)x$$

において次の二つの条件が成り立つものとする．

(1)　$\lim_{t\to\infty} a_{ik}(t) = 0, \quad i \neq k,$

(2)　$a_{k-1,k-1}(t) - a_{kk}(t) \geqq c > 0, \quad \tau \leqq t < \infty.$

このとき

$$\nu_k = -\limsup_{t\to\infty} \frac{1}{t}\int_{t_0}^{t} a_{kk}(\tau)d\tau, \qquad k = 1, \cdots, n$$

は，この方程式の解の Ljapunov 数である．——

この定理は次の二つの補題を基にして証明される.

補題 3.6 微分方程式

$$\frac{dx_j}{dt}=p_j(t)x_j+\sum_{k=1}^{n}p_{jk}(t)x_k, \qquad j=1,\cdots,n \tag{3.24}$$

において $p_j(t), p_{jk}(t)$ は $\tau\leqq t<\infty$ において連続, 有界で, 次の二つの条件を満たすものとする.

(i) $p_1(t)>p_j(t)+c \quad (j\neq 1,\ c>0)$,

(ii) $\lim_{t\to\infty}p_{jk}(t)=0$.

このとき (3.24) は次の条件を満たす解 $x(t)=(x_1(t),\cdots,x_n(t))$ をもつ.

$$\lim_{t\to\infty}\frac{x_j(t)}{x_1(t)}=0 \quad (j\neq 1), \qquad \lim_{t\to\infty}\left(\frac{x_1'(t)}{x_1(t)}-p_1(t)\right)=0. \qquad \text{——}$$

補題 3.7 (3.24) がさらに次の条件

(iii) $p_j(t)\geqq p_{j+1}(t)+c, \quad j=1,\cdots,n-1$

をも満たすならば, 1次独立な n 組の解

$$x^k(t)=(x_{1k}(t),\cdots,x_{nk}(t)), \qquad k=1,\cdots,n$$

で, 次の条件を満たすものが存在する.

$$\lim_{t\to\infty}\frac{x_{jk}(t)}{x_{kk}(t)}=0, \qquad j\neq k,$$

$$\lim_{t\to\infty}\left(\frac{x_{kk}'(t)}{x_{kk}(t)}-p_k(t)\right)=0, \qquad k=1,\cdots,n. \qquad \text{——}$$

明らかに補題 3.6 は補題 3.7 に含まれている. 実は補題 3.7 を数学的帰納法によって証明するとき, その第1段階に当る部分を(証明を見やすくするために)分離したものが補題 3.6 なのである.

補題 3.6 の証明 $t_0>\tau$ として初期条件

$$x_i(t_0)=\xi_i, \qquad |\xi_1|>|\xi_j|, \qquad j=2,\cdots,n$$

を満たす解 $x(t)$ を考える.

$$\frac{dx_i}{dt}=p_ix_i+\sum_k p_{ik}x_k$$

の両辺に x_i を掛けると

$$\frac{1}{2}\frac{d(x_i^2)}{dt}-p_ix_i^2=\sum_k p_{ik}x_ix_k.$$

ゆえに

$$\left|\frac{1}{2}\frac{d(x_i^2)}{dt}-p_i x_i^2\right| \leqq \sum_k |p_{ik}x_i x_k|.$$

あるいは

$$(3.25)\qquad -\sum_k |p_{ik}x_i x_k| \leqq \frac{1}{2}\frac{d(x_i^2)}{dt}-p_i x_i^2 \leqq \sum_k |p_{ik}x_i x_k|.$$

$\lim_{t\to\infty} p_{ik}=0$ であるから，初期条件を与える時刻 t_0 を十分大きくえらんで，$t_0\leqq t$ に対し

$$|p_{ik}(t)| < \frac{c}{2n}$$

が成り立つようにしておく．そうすれば上の不等式は

$$(3.26)\qquad -\frac{c}{2n}\sum_k |x_i x_k| \leqq \frac{1}{2}\frac{d(x_i^2)}{dt}-p_i x_i^2 \leqq \frac{c}{2n}\sum_k |x_i x_k|$$

でおきかえられる．

われわれは

$$(3.27)\qquad |x_1(t)| > |x_j(t)|, \quad j \neq 1,\ t_0 \leqq t < \infty$$

が成り立つことを証明する．$|\xi_1|>|\xi_j|\ (j\neq 1)$ であるから $t=t_0$ では上の不等式が成り立っている．ゆえにもし(3.27)が成り立たないとすれば $t_0<t_1<\infty$ である t_1 が存在して，$|x_1(t_1)|$ が $|x_j(t_1)|\ (j\neq 1)$ のうちのどれかと等しくなる．そこで，たとえば

$$(3.28)\qquad |x_1(t_1)| = |x_2(t_1)| \geqq |x_j(t_1)|, \quad j=3,\cdots,n$$

としよう．このときもちろん

$$(3.29)\qquad \left(\frac{d(x_1^2)}{dt}\right)_{t=t_1} \leqq \left(\frac{d(x_2^2)}{dt}\right)_{t=t_1}$$

である．

(3.26)から

$$\left(\frac{1}{2}\frac{d(x_1^2)}{dt}\right)_{t=t_1} \geqq p_1(t_1)(x_1(t_1))^2-\frac{c}{2n}\sum_k |x_1(t_1)||x_k(t_1)|.$$

(3.28)から得られる不等式

$$\frac{c}{2n}\sum_k |x_1(t_1)||x_k(t_1)| \leqq \frac{c}{2n}\sum |x_1(t_1)|^2 = \frac{c}{2}|x_1(t_1)|^2$$

により

(3.30) $$\left(\frac{1}{2}\frac{d(x_1^2)}{dt}\right)_{t=t_1} \geqq \left(p_1(t_1)-\frac{c}{2}\right)|x_1(t_1)|^2.$$

同様に(3.26)から

$$\left(\frac{d(x_2^2)}{dt}\right)_{t=t_1} \leqq p_2(t_1)(x_2(t_1))^2+\frac{c}{2n}\sum_{\kappa}|x_2(t_1)||x_k(t_1)|.$$

(3.28)により

$$(x_2(t_1))^2=(x_1(t_1))^2,$$

$$\frac{c}{2n}\sum_{\kappa}|x_2(t_1)||x_k(t_1)| \leqq \frac{c}{2n}\sum|x_1(t_1)|^2=\frac{c}{2}(x_1(t_1))^2$$

であるから

(3.31) $$\left(\frac{d(x_2^2)}{dt}\right)_{t=t_1} \leqq \left(p_2(t_1)+\frac{c}{2}\right)|x_1(t_1)|^2.$$

(3.29), (3.30), (3.31)から

$$p_1(t_1)-\frac{c}{2} \leqq p_2(t_1)+\frac{c}{2}$$

または

$$p_1(t_1) \leqq p_2(t_1)+c.$$

これは条件(i)に反する．ゆえに不等式(3.27)が成り立つ．次に，ある番号 m に対して

(3.32) $$\limsup_{t\to\infty}\left|\frac{x_m(t)}{x_1(t)}\right|^2=\alpha>0$$

が成り立ったと仮定して矛盾を導く．

まず任意に大きい数 $T>0$ をとるとき

(3.33) $$\left|\frac{x_m(t)}{x_1(t)}\right|^2>\frac{\alpha}{2}, \quad \frac{d}{dt}\left|\frac{x_m(t)}{x_1(t)}\right|^2>-\frac{c\alpha}{2}$$

が同時に成り立つような $t>T$ が存在することに注意しよう．これは次のようにして示される．

もし $t>T$ に対して第1の不等式がつねに成り立っているならば問題はない．なぜならばこのとき(3.33)が $t>T$ において決して成り立たないとすれば

$$\frac{d}{dt}\left|\frac{x_m(t)}{x_1(t)}\right|^2 \leqq -\frac{c\alpha}{2}, \quad t>T$$

でなければならないが，もしそうならば $t\to\infty$ のとき

$$\left|\frac{x_m(t)}{x_1(t)}\right|^2 \longrightarrow -\infty$$

となって(3.32)と矛盾するからである.

そこで次にある $t_1>T$ において(3.33)の第1の不等式が成り立たなかったとする. すなわち

$$\left|\frac{x_m(t_1)}{x_1(t_1)}\right|^2 \leqq \frac{\alpha}{2}.$$

このとき, (3.32)が成り立つためには, ある $t>T$ において

$$\left|\frac{x_m(t)}{x_1(t)}\right|^2 = \frac{3}{4}\alpha$$

とならねばならない. そのような t の値のうち最小のものを t_2 とすれば

$$t_1 < t < t_2 \quad \text{では} \quad \left|\frac{x_m(t)}{x_1(t)}\right|^2 < \frac{3}{4}\alpha,$$

$$t = t_2 \quad \text{では} \quad \left|\frac{x_m(t)}{x_1(t)}\right|^2 = \frac{3}{4}\alpha$$

であるから

$$\left|\frac{x_m(t_2)}{x_1(t_2)}\right|^2 = \frac{3}{4}\alpha > \frac{\alpha}{2}, \qquad \left(\frac{d}{dt}\left|\frac{x_m(t)}{x_1(t)}\right|^2\right)_{t=t_2} \geqq 0 > -\frac{c\alpha}{2}.$$

これで(3.33)が成り立つような, 任意に大きい t の値が存在することが示された.

さて

$$\frac{d}{dt}\left|\frac{x_m}{x_1}\right|^2 = \frac{1}{{x_1}^2}\frac{d({x_m}^2)}{dt} - \frac{{x_m}^2}{{x_1}^4}\frac{d({x_1}^2)}{dt}$$

であるから, (3.25)を用いると

$$\frac{1}{2}\frac{d}{dt}\left|\frac{x_m}{x_1}\right|^2 \leqq \sum_k \frac{|p_{mk}x_m x_k|}{{x_1}^2} + p_m\left|\frac{x_m}{x_1}\right|^2 + \sum_k \frac{|p_{1k}x_1 x_k|\cdot {x_m}^2}{{x_1}^4} - p_1\left|\frac{x_m}{x_1}\right|^2.$$

すなわち

$$\frac{1}{2}\frac{d}{dt}\left|\frac{x_m}{x_1}\right|^2 + (p_1(t)-p_m(t))\left|\frac{x_m}{x_1}\right|^2 \leqq \sum_k \frac{|p_{mk}x_m x_k|}{{x_1}^2} + \sum_k \frac{|p_{1k}x_1 x_k|\cdot {x_m}^2}{{x_1}^4}.$$

不等式(3.27)をこの不等式の右辺に用いれば

$$\frac{1}{2}\frac{d}{dt}\left|\frac{x_m}{x_1}\right|^2 + (p_1(t)-p_m(t))\left|\frac{x_m}{x_1}\right|^2 \leqq \sum_k |p_{mk}| + \sum_k |p_{1k}|.$$

すでに示したように，$t_n \to \infty$ であるような数列 $\{t_n\}$ で，$t=t_n$ において (3.33) が成り立つようなものが存在する．そこで各 $t=t_n$ において上の不等式の左辺に (3.33) を適用し，さらに条件 (i) から

$$p_1(t)-p_m(t) > c$$

であることに注意すれば

$$-\frac{c\alpha}{4}+\frac{c\alpha}{2}=\frac{c\alpha}{4} \leqq \sum_k |p_{mk}(t_n)|+\sum_k |p_{1k}(t_n)|.$$

ゆえに

$$\limsup_{t\to\infty}\left(\sum_k |p_{mk}(t)|+\sum_k |p_{1k}(t)|\right) \geqq \frac{c\alpha}{4}.$$

これは条件 (ii)：

$$\lim_{t\to\infty} p_{ik}(t)=0$$

と矛盾する．したがって (3.32) は成り立たない．すなわち

$$\lim_{t\to\infty}\left|\frac{x_j(t)}{x_1(t)}\right|^2=0,$$

あるいは

$$\lim_{t\to\infty}\frac{x_j(t)}{x_1(t)}=0$$

が，すべての $j\neq 1$ に対して成り立つ．これで補題の前半は証明された．

次に (3.24) を $j=1$ に対して書くと

$$\frac{dx_1}{dt}=p_1(t)x_1+\sum_{k=1}^{n} p_{1k}(t)x_k.$$

この両辺を x_1 で割れば

$$\frac{x_1'(t)}{x_1(t)}-p_1(t)=\sum_{k=1}^{n} p_{1k}(t)\frac{x_k(t)}{x_1(t)}=p_{11}(t)+\sum_{k=2}^{n} p_{1k}(t)\frac{x_k(t)}{x_1(t)}.$$

ここで $t\to\infty$ とすれば

$$\lim_{t\to\infty} p_{11}(t)=0, \qquad \lim_{t\to\infty} p_{1k}(t)=0, \qquad \lim_{t\to\infty}\frac{x_k(t)}{x_1(t)}=0 \qquad (k\neq 1)$$

であるから

$$\lim_{t\to\infty}\left(\frac{x_1'(t)}{x_1(t)}-p_1(t)\right)=0.$$

これが補題の後半である. ▮

補題3.7の証明 方程式の数 n に関する帰納法によって証明を行う.

補題3.6により, n が何であっても, このような解が一つあることがわかっているから, $n=1$ のときには補題は正しい. そこで方程式の数が $n-1$ のとき, 補題3.7が成り立つと仮定する.

さて補題3.6でその存在を示された(3.24)の解を

$$x^1(t)=(x_{11}(t),\cdots,x_{n1}(t))$$

とする. これは条件

$$\lim_{t\to\infty}\frac{x_{j1}(t)}{x_{11}(t)}=0 \quad (j\neq 1), \qquad \lim_{t\to\infty}\left(\frac{x_{11}'(t)}{x_{11}(t)}-p_1(t)\right)=0 \tag{3.34}$$

を満たす.

この解を用いて変数変換

$$\begin{cases} x_1=x_{11}\displaystyle\int udt, \\ x_j=x_{j1}\displaystyle\int udt+y_{j-1}, \qquad j=2,\cdots,n \end{cases} \tag{3.35}$$

を行う. 第1式が u を定義する式で, これで定められた u を用いて第2式により $x_2,\cdots,x_n$ を $y_1,\cdots,y_{n-1}$ に変換する.

(3.35)の第1式を t で微分すれば

$$\frac{dx_1}{dt}=x_{11}u+\frac{dx_{11}}{dt}\cdot\int udt. \tag{3.36}$$

(3.24)により

$$\frac{dx_1}{dt}=p_1x_1+\sum_k p_{1k}x_k, \qquad \frac{dx_{11}}{dt}=p_1x_{11}+\sum_k p_{1k}x_{k1}$$

が成り立つ. これらを(3.36)に代入しそれを(3.35)の関係を利用して整理すると

$$x_{11}u=\sum_{k=2}^{n}p_{1k}y_{k-1} \tag{3.37}$$

が得られる. (3.35)の第2式を微分して同様な計算を行えば

$$\frac{dy_{j-1}}{dt}=p_jy_{j-1}+\sum_{k=2}^{n}\left(p_{jk}-\frac{x_{j1}}{x_{11}}p_{1k}\right)y_{k-1}, \qquad j=2,\cdots,n. \tag{3.38}$$

(3.38)は $n-1$ 個の変数 $y_1,\cdots,y_{n-1}$ に関する微分方程式であって, 補題の条件

(i), (ii), (iii) を満足している．実際，(i), (iii) が成り立つことは明らかであるし，(ii) が成り立つことは

$$\lim_{t\to\infty} p_{jk}(t)=0$$

と (3.34) とからわかる．

帰納法の仮定により，(3.38) は $n-1$ 個の1次独立な解 $y^k(t)=(y_{1k}(t),\cdots,y_{n-1,k}(t))$ $(k=1,\cdots,n-1)$ で，補題の結論に述べられた条件

$$(3.39)\qquad \lim_{t\to\infty}\frac{y_{jk}(t)}{y_{kk}(t)}=0 \quad (j\neq k),\qquad \lim_{t\to\infty}\left(\frac{y_{kk}'(t)}{y_{kk}(t)}-p_{k+1}(t)\right)=0$$

を満たすものが存在する．

解 $y(t)$ が一つ決まると (3.37) により u が決まる．そこで解 $y^j(t)$ から決まる u を u_j で表そう．そのとき

$$x_{11}u_j=\sum_{k=2}^{n}p_{1k}y_{k-1,j}$$

から

$$\frac{x_{11}}{y_{jj}}u_j=\sum_{p=2}^{n}p_{1k}\frac{y_{k-1,j}}{y_{jj}}.$$

これと (3.39)，および $\lim_{t\to\infty}p_{1k}=0$ とから，

$$(3.40)\qquad \lim_{t\to\infty}\frac{x_{11}}{y_{jj}}u_j=0.$$

さて

$$\frac{x_{11}'}{x_{11}}=p_1+\varepsilon_1,\qquad \frac{y_{jj}'}{y_{jj}}=p_{j+1}+\varepsilon_{j+1}$$

とおけば，(3.34) の第2式および (3.39) の第2式により

$$\lim_{t\to\infty}\varepsilon_j(t)=0,\qquad j=1,\cdots,n.$$

上式を積分すれば

$$x_{11}(t)=c_1\exp\left(\int_{t_0}^{t}(p_1(\tau)+\varepsilon_1(\tau))d\tau\right),$$

$$y_{jj}(t)=c_{j+1}\exp\left(\int_{t_0}^{t}(p_{j+1}(\tau)+\varepsilon_{j+1}(\tau))d\tau\right).$$

これから

$$\left|\frac{y_{jj}(t)}{x_{11}(t)}\right| = \left|\frac{c_{j+1}}{c_1}\right| \exp\left(-\int_{t_0}^{t}(p_1(\tau)+\varepsilon_1(\tau)-p_{j+1}(\tau)-\varepsilon_{j+1}(\tau))d\tau\right).$$

補題の条件(ii)により

$$p_1(\tau)-p_{j+1}(\tau) \geqq jc$$

が成り立つから

$$\left|\frac{y_{jj}(t)}{x_{11}(t)}\right| \leqq \left|\frac{c_{j+1}}{c_1}\right| \exp\left(-\int_{t_0}^{t}(jc+\varepsilon_1(\tau)-\varepsilon_{j+1}(\tau))d\tau\right).$$

$\lim_{t\to\infty} \varepsilon_j(t) = 0$ であるから τ が十分大きければ

$$jc+\varepsilon_1(\tau)-\varepsilon_{j+1}(\tau) > 0$$

で，$jc>0$ であるから t が十分大きければつねに

$$\left|\frac{y_{jj}(t)}{x_{11}(t)}\right| < Ke^{-\alpha t} \tag{3.41}$$

が成り立つ．ただし K, α は適当にえらんだ正の定数である．

いま

$$\frac{x_{11}(t)}{y_{jj}(t)}u_j(t) = \eta_j(t)$$

とおけば(3.40)により $\lim_{t\to\infty} \eta_j(t)=0$ で，したがって t が十分大きければ $\varepsilon>0$ を適当にえらべば，つねに

$$|\eta_j(t)| < \varepsilon.$$

これと，(3.41)とにより

$$|u_j(t)| = |\eta_j(t)|\cdot\left|\frac{y_{jj}(t)}{x_{11}(t)}\right| < \varepsilon Ke^{-\alpha t}$$

が十分大きい t の値に対して成り立つ．したがって

$$\int_{t_0}^{\infty} u_j(t)dt < \infty.$$

さて，以上のようにしてつくった $y^j(t), u_j(t)$ を用いて，(3.24)の解 $x^j(t)=(x_{1j}(t), \cdots, x_{nj}(t))$ $(j=2, \cdots, n)$ を(3.35)から次のように構成する．

$$\begin{cases} x_{1,j+1} = x_{11}\displaystyle\int_{\infty}^{t} u_j dt, \\ x_{k,j+1} = x_{k1}\displaystyle\int_{\infty}^{t} u_j dt + y_{k-1,j}, \qquad j = 1, \cdots, n-1,\ \ k = 2, \cdots, n. \end{cases} \tag{3.42}$$

(前ページの終りに見た通り, $\int_{\infty}^{t} u_j dt$ は収束する.) これらの解と, 最初につくった解 $x^1(t)$ とをあわせたものが1次独立であって, しかも補題の結論に述べた条件を満たしていることがいえれば証明は完結する.

まず

$$\lim_{t\to\infty}\frac{x_{1,j+1}}{y_{jj}}=0 \tag{3.43}$$

であることを示す. (3.42)の第1式から,

$$\frac{x_{1,j+1}}{y_{jj}}=\int_{\infty}^{t}u_j dt\Big/\left(\frac{y_{jj}}{x_{11}}\right).$$

ところが,

$$\lim_{t\to\infty}\int_{\infty}^{t}u_j dt=0.$$

また(3.41)により $\lim_{t\to\infty}(y_{jj}/x_{11})=0$ であるから, この右辺の分子と分母とをそれぞれ t で微分したものの比をつくり, $t\to\infty$ のときそれが0に近づくことを示せば十分である. ところが

$$\lim_{t\to\infty}\left[u_j\Big/\frac{d}{dt}\left(\frac{y_{jj}}{x_{11}}\right)\right]=\lim_{t\to\infty}\left[\left(\frac{x_{11}}{y_{jj}}u_j\right)\Big/\left(\frac{y_{jj}'}{y_{jj}}-\frac{x_{11}'}{x_{11}}\right)\right]$$

で,

$$\frac{x_{11}'}{x_{11}}=p_1+\varepsilon_1,\qquad \frac{y_{jj}'}{y_{jj}}=p_{j+1}+\varepsilon_{j+1},\qquad \frac{x_{11}}{y_{jj}}u_j=\eta_j$$

であったから, これは

$$\lim_{t\to\infty}\frac{\eta_j}{p_{j+1}-p_1+\varepsilon_{j+1}-\varepsilon_1}$$

に等しい. そこで

$$\lim_{t\to\infty}\eta_j=0,\qquad \lim_{t\to\infty}\varepsilon_1=0,\qquad \lim_{t\to\infty}\varepsilon_{j+1}=0,\qquad p_1-p_{j+1}\geqq jc>0$$

に注意すればこの極限値は0となることがわかる. ゆえに(3.43)が成り立つ.

次に, $k=2,\cdots,n$ に対しては

$$\lim_{t\to\infty}\frac{x_{k,j+1}}{y_{jj}}=\begin{cases}0, & k\neq j+1,\\ 1, & k=j+1\end{cases} \tag{3.44}$$

が成り立つことを示す. (3.42)から

$$\frac{x_{k,j+1}}{y_{jj}}=\frac{x_{k1}\int_{\infty}^{t}u_j dt}{y_{jj}}+\frac{y_{k-1,j}}{y_{jj}}=\frac{x_{k1}}{x_{11}}\frac{x_{1,j+1}}{y_{jj}}+\frac{y_{k-1,j}}{y_{jj}}.$$

(3.34)の第1式により，$k=2,\cdots,n$ に対しては

$$\lim_{t\to\infty}\frac{x_{k1}}{x_{11}}=0.$$

(3.43)により

$$\lim_{t\to\infty}\frac{x_{1,j+1}}{y_{jj}}=0.$$

(3.39)の第1式により，$k-1\neq j$ ならば

$$\lim_{t\to\infty}\frac{y_{k-1,j}}{y_{jj}}=0.$$

これらの関係から直ちに(3.44)を得る．

(3.43), (3.44)から，$k=1,\cdots,n$, $k\neq j+1$ に対し

$$\lim_{t\to\infty}\frac{x_{k,j+1}}{x_{j+1,j+1}}=\lim_{t\to\infty}\left(\frac{x_{k,j+1}}{y_{jj}}\right)\Big/\left(\frac{x_{j+1,j+1}}{y_{jj}}\right)=0.$$

これが補題の結論に述べられた条件の前半である．後半の条件

$$\lim_{t\to\infty}\left(\frac{y_{j+1,j+1}'}{y_{j+1,j+1}}-p_{j+1}\right)=0$$

を導くには，補題3.6で後半の条件を証明したのと全く同じ方法を用いればよい．

最後に $x^1(t),\cdots,x^n(t)$ が1次独立なことをいわなければならない．それには

$$\begin{vmatrix} x_{11}(t) & \cdots & x_{1n}(t) \\ x_{21}(t) & \cdots & x_{2n}(t) \\ & \cdots\cdots & \\ x_{n1}(t) & \cdots & x_{nn}(t) \end{vmatrix}\neq 0$$

をいえばよい．この行列式の第 $j+1$ 列($j\geqq 1$)は

$$\begin{bmatrix} x_{11}\int_{\infty}^{t}u_j dt \\ x_{21}\int_{\infty}^{t}u_j dt+y_{1j} \\ \vdots \\ x_{n1}\int_{\infty}^{t}u_j dt+y_{n-1,j} \end{bmatrix}$$

であるから，第1列に $\int_\infty^t u_j dt$ をかけて各列から引き去ると，問題の行列式は次の行列式に等しくなる．

$$\begin{vmatrix} x_{11} & 0 & \cdots & 0 \\ x_{21} & y_{11} & \cdots & y_{1,n-1} \\ & \cdots\cdots & & \\ x_{n1} & y_{n-1,1} & \cdots & y_{n-1,n-1} \end{vmatrix} = x_{11} \begin{vmatrix} y_{11} & \cdots & y_{1,n-1} \\ & \cdots\cdots & \\ y_{n-1,1} & \cdots & y_{n-1,n-1} \end{vmatrix}.$$

帰納法の仮定により $y^1, \cdots, y^{n-1}$ は1次独立であるから

$$\begin{vmatrix} y_{11} & \cdots & y_{1,n-1} \\ & \cdots\cdots & \\ y_{n-1,1} & \cdots & y_{n-1,n-1} \end{vmatrix} \neq 0.$$

ゆえに $x^1(t), \cdots, x^n(t)$ は1次独立である．▌

これだけの準備をしておけば Perron の定理の証明は容易である．

定理 3.8 の証明 定理 3.8 の方程式 (3.14)：

$$\frac{dx_j}{dt} = \sum_{k=1}^n a_{jk}(t) x_k$$

は補題 3.7 の方程式の条件を満たしている．そのことを確かめるには

$$a_{jj}(t) = p_j(t), \quad a_{jk}(t) = p_{jk}(t) \quad (j \neq k), \quad p_{jj}(t) = 0$$

とおいてみればよい．したがって (3.14) は1次独立な n 個の解

$$x^k(t) = (x_{1k}(t), \cdots, x_{nk}(t)), \quad k = 1, \cdots, n$$

で，補題 3.7 の結論の条件：

$$\lim_{t\to\infty} \frac{x_{jk}(t)}{x_{kk}(t)} = 0 \quad (j \neq k), \quad \lim_{t\to\infty} \left(\frac{x_{kk}'(t)}{x_{kk}(t)} - a_{kk}(t) \right) = 0$$

を満たすものをもっている．

第1式から t が十分大きければ，$j \neq k$ に対し

$$|x_{kk}(t)| > |x_{jk}(t)| \quad \text{すなわち} \quad \lambda(x_{kk}(t)) \leqq \lambda(x_{jk}(t)).$$

ところが $\lambda(x^k(t)) = \min_j \lambda(x_{jk}(t))$ であるから

$$\lambda(x^k(t)) = \lambda(x_{kk}(t)).$$

また，第2の関係から，任意の $\varepsilon > 0$ に対し t_0 を十分大きくとれば，$t \geqq t_0$ において

$$-\varepsilon < \frac{x_{kk}'(t)}{x_{kk}(t)} - a_{kk}(t) < \varepsilon.$$

あるいは

$$a_{kk}(t)-\varepsilon<\frac{x_{kk}'(t)}{x_{kk}(t)}<a_{kk}(t)+\varepsilon.$$

この両辺を t_0 から t まで積分すれば

$$\int_{t_0}^{t}a_{kk}(\tau)d\tau-\varepsilon(t-t_0)<\log\left|\frac{x_{kk}(t)}{x_{kk}(t_0)}\right|<\int_{t_0}^{t}a_{kk}(\tau)d\tau+\varepsilon(t-t_0).$$

ゆえに適当に定数 C, C' をとれば

$$C\exp\left(\int_{t_0}^{t}a_{kk}(\tau)d\tau-\varepsilon t\right)<|x_{kk}(t)|<C'\exp\left(\int_{t_0}^{t}a_{kk}(\tau)d\tau+\varepsilon t\right).$$

そこで

$$\nu_k=\lambda\left(\exp\left(\int_{t_0}^{t}a_{kk}(\tau)d\tau\right)\right)=-\limsup_{t\to\infty}\frac{1}{t}\int_{t_0}^{t}a_{kk}(\tau)d\tau$$

とおけば

$$\limsup_{t\to\infty}|x_{kk}(t)|e^{(\nu_k+2\varepsilon)t}>\limsup_{t\to\infty}C\exp\left(\int_{t_0}^{t}a_{kk}(\tau)d\tau\right)e^{(\nu_k+\varepsilon)t}=\infty.$$

$$\lim_{t\to\infty}|x_{kk}(t)|e^{(\nu_k-2\varepsilon)t}<\limsup_{t\to\infty}C'\exp\left(\int_{t_0}^{t}a_{kk}(\tau)d\tau\right)e^{(\nu_k-\varepsilon)t}=0.$$

これから

$$\lambda(x^k(t))=\lambda(x_{kk}(t))=\nu_k.$$

したがって $\nu_1,\cdots,\nu_n$ はすべて(3.14)の解の Ljapunov 数である.

なおこの場合，定理の条件(2)により

$$\frac{1}{t}\int_{t_0}^{t}a_{kk}(\tau)d\tau\geqq\frac{1}{t}\int_{t_0}^{t}a_{k+1,k+1}(\tau)d\tau+\frac{c(t-t_0)}{t}$$

が成り立つので

$$\nu_k\leqq\nu_{k+1}-c\qquad(c>0).$$

したがって $\nu_1,\cdots,\nu_n$ は互いに異なる数である．ところが§3.3で注意したように，(3.14)の解の Ljapunov 数は，高々 n 個であるから，けっきょくこれが Ljapunov 数のすべてである．▌

この定理の結論は(補題3.4を用いて)次のように述べてもよい:

定理の仮定の下で，(3.14)は n 個の1次独立な解

$$x^1(t),\cdots,x^n(t)$$

で

$$\limsup_{t\to\infty}\frac{\log\|x^k(t)\|}{t}=-\nu_k=\limsup_{t\to\infty}\frac{1}{t}\int_0^t a_{kk}(\tau)d\tau$$

となるものをもつ.

§3.5 非線型方程式の解の Ljapunov 数

方程式が線型でない場合には，解の Ljapunov 数を評価することは難しい. ここではいちばん簡単な場合として次のような方程式を考える.

$$\frac{dx}{dt}=Ax+f(x,t). \tag{3.45}$$

ただし

(1) A は定数行列,

(2) $f(x,t)$ は連続，かつ x につき連続微分可能,

(3) $f(0,t)=0$,

(4) x の成分を $x_1,\cdots,x_n$, f の成分を $f_1,\cdots,f_n$ とし，$\partial f_j/\partial x_k$ を jk 要素とする行列を $f_x(x,t)$ で表せば，$x\to0$ のとき，t に関して一様に $\|f_x(x,t)\|\to0$.

(4)はくわしく述べれば任意の $\varepsilon>0$ に対し $\delta>0$ が存在して，$\|x\|<\delta$ ならば $\|f_x(x,t)\|<\varepsilon$ がすべての t に対して成り立つ——ということである.

平均値の定理により

$$f(x,t)=f(x,t)-f(0,t)=f_x(\theta x,t)\cdot x \qquad (0<\theta<1)$$

であるから

$$\|f(x,t)\|\leqq\|f_x(\theta x,t)\|\cdot\|x\|.$$

これから，$\|x\|<\delta$ のとき，すべての t に対し

$$\|f(x,t)\|\leqq\varepsilon\|x\|$$

が成り立つから，$\|f(x,t)\|$ は $x\to0$ のとき t に関して一様に $o(\|x\|)$ となる．したがってこれはすでに第2章でしばしばとりあつかったタイプの方程式である.

P を正則な行列として，変数変換

$$x=Py$$

を行うと(3.45)は次の形に変換される.

$$\frac{dy}{dt}=By+g(y,t),$$

$$B = P^{-1}AP, \qquad g(y,t) = P^{-1}f(Py,t).$$

この変換によって性質(1)-(4)はすべて保存されることにまず注意しよう．(1)-(3)についてはこのことは明らかであるから，(4)についてのみ証明を行っておく．

簡単な計算により

$$g_y = P^{-1}f_xP$$

が得られるから，

$$\|g_y\| \leqq \|P^{-1}\|\cdot\|f_x\|\cdot\|P\|.$$

$\varepsilon>0$ を任意にとり，$\delta>0$ を $\|x\|<\delta$ のとき

$$\|f_x\| \leqq \frac{\varepsilon}{\|P^{-1}\|\cdot\|P\|}$$

となるようにえらんでおく．$x=Py$ から

$$\|x\| \leqq \|P\|\cdot\|y\|$$

が得られるから

$$\|y\| \leqq \frac{\delta}{\|P\|}$$

ならば $\|x\|<\delta$，ゆえに

$$\|g_y\| \leqq \|P^{-1}\|\cdot\frac{\varepsilon}{\|P^{-1}\|\cdot\|P\|}\cdot\|P\| = \varepsilon.$$

ゆえに変換された方程式についても(4)は成り立っている．

ところが P を適当にえらべば $B=P^{-1}AP$ を Jordan の標準形に直すことが可能である．したがって(3.45)の解の性質のうち，変換 $x=Py$ で不変に保たれるようなものを議論する場合には，A ははじめから Jordan の標準形になっているものと仮定して話を進めてかまわない．ただし A が複素固有値をもつ場合には，変換の行列 P は一般に複素数の要素を含む．したがって(3.45)にあらわれる数はすべて複素数と考えておかねばならない．

まず次の定理を証明しよう．

定理 3.9　A の固有値を $\lambda_1, \cdots, \lambda_n$ とする．$\mathrm{Re}\,\lambda_1, \cdots, \mathrm{Re}\,\lambda_n$ のうち m 個は負で，残りの $n-m$ 個は正であるならば，m 個の任意定数 $c_1, \cdots, c_m$ に依存する(3.45)の解

$$x = \psi(t; c_1, \cdots, c_m)$$

で，$t \to \infty$ のとき $\psi(t; c_1, \cdots, c_m) \to 0$ となるものが存在する．

証明 定理の結論は明らかに変換 $x = Py$ によって不変であるから，A は Jordan の標準形であると仮定して証明を行えば十分である．

$\mathrm{Re}\,\lambda_k = \alpha_k$ とし，（必要ならば番号 k をつけかえて）

$$\alpha_1 < 0,\ \cdots,\ \alpha_m < 0, \quad \alpha_{m+1} > 0,\ \cdots,\ \alpha_n > 0$$

であるとしよう．

A は次のような形をしている．

$$A = \begin{bmatrix} \lambda_1 & \sigma_1 & & 0 \\ & \lambda_2 & \ddots & \\ & & \ddots & \sigma_{n-1} \\ 0 & & & \lambda_n \end{bmatrix}, \quad \sigma_k = 0 \text{ または } 1.$$

いま

$$\Phi(t) = e^{At}$$

とおけば，これは線型方程式

$$\frac{dx}{dt} = Ax$$

の基本行列で，第1章で述べたように，$\Phi(t)$ の第 k 列ベクトル $\varphi^k(t)$ の要素はすべて

$$e^{\lambda_k t} \times (t \text{ の多項式}) \tag{3.46}$$

のような形をしている．

$$\Phi_1(t) = (\varphi^1(t), \cdots, \varphi^m(t), 0, \cdots, 0)$$
$$\Phi_2(t) = (0, \cdots, 0, \varphi^{m+1}(t), \cdots, \varphi^n(t))$$

とおけば

$$\Phi(t) = \Phi_1(t) + \Phi_2(t), \quad \frac{d\Phi_1}{dt} = A\Phi_1, \quad \frac{d\Phi_2}{dt} = A\Phi_2. \tag{3.47}$$

$c_1, \cdots, c_m$ を任意の定数として

$$\psi^0(t) = c_1\varphi^1(t) + \cdots + c_m\varphi^m(t)$$

とおき，これを出発点として次のような逐次近似を行う．

$$\psi^{k+1}(t) = \psi^0(t) + \int_0^t \Phi_1(t-\tau) f(\psi^k(\tau), \tau)\, d\tau \tag{3.48}$$

$$-\int_t^\infty \Phi_2(t-\tau)f(\psi^k(\tau),\tau)d\tau, \qquad k=0,1,2,\cdots.$$

もし関数列 $\{\psi^k(t)\}$ が一様収束するならば，その極限関数 $\psi(t)$ に対しては，

$$\psi(t)=\psi^0(t)+\int_0^t \Phi_1(t-\tau)f(\psi(\tau),\tau)d\tau-\int_t^\infty \Phi_2(t-\tau)f(\psi(\tau),\tau)d\tau$$

が成り立つ．この両辺を t で微分すれば

$$\frac{d\psi}{dt}=\frac{d\psi^0}{dt}+(\Phi_1(0)+\Phi_2(0))f(\psi(t),t)$$
$$+\int_0^t \frac{d\Phi_1(t-\tau)}{dt}f(\psi(\tau),\tau)d\tau-\int_t^\infty \frac{d\Phi_2(t-\tau)}{dt}f(\psi(\tau),\tau)d\tau.$$

(3.47) と，$\Phi(0)=E$ であることに注意すれば

$$\frac{d\psi}{dt}=A\left(\psi^0+\int_0^t \Phi_1(t-\tau)f(\psi(\tau),\tau)d\tau-\int_t^\infty \Phi_2(t-\tau)f(\psi(\tau),\tau)d\tau\right)$$
$$+f(\psi(t),t)$$
$$=A\psi+f(\psi(t),t).$$

すなわち $x=\psi(t)=\psi(t;c_1,\cdots,c_m)$ は (3.45) の解であって，しかも m 個の任意定数 $c_1,\cdots,c_m$ を含む．そこでわれわれは $|c_1|,\cdots,|c_m|$ が十分小さければ $\{\psi^k(t)\}$ が一様収束することを証明しよう．

正の数 α,β を

$$0>-\alpha>\alpha_k, \qquad k=1,\cdots,m,$$
$$\alpha_k>\beta>0, \qquad k=m+1,\cdots,n$$

となるようにえらべば，$\Phi_1(t),\Phi_2(t)$ の要素は (3.46) のような形をしているから $K>0$ を適当に大きくえらぶことにより

$$\|\Phi_1(t)\|\leqq Ke^{-\alpha t}\quad (t\geqq 0), \qquad \|\Phi_2(t)\|\leqq Ke^{\beta t}\quad (t\leqq 0)$$

が成り立つ．したがって $t\geqq 0$ ならば

$$(3.49)\quad \begin{cases} \displaystyle\int_0^t \|\Phi_1(t-\tau)\|d\tau\leqq \int_0^t Ke^{-\alpha(t-\tau)}d\tau=\frac{K}{\alpha}(1-e^{-\alpha t})\leqq\frac{K}{\alpha}, \\ \displaystyle\int_t^\infty \|\Phi_2(t-\tau)\|d\tau\leqq \int_t^\infty Ke^{\beta(t-\tau)}d\tau=\frac{K}{\beta}. \end{cases}$$

条件 (4) により，$\|x\|<\eta$ ならば

(3.50)

$$\|f_x(x,t)\| < \frac{1}{2K(1/\alpha+1/\beta)} \quad したがって \quad \|f(x,t)\| < \frac{1}{2K(1/\alpha+1/\beta)}\|x\|$$

がすべての t について成り立つように $\eta>0$ をえらぶことができる．このような η を一つ定め，$|c_1|, \cdots, |c_m|$ を十分小さくとって

$$\|\psi^0(t)\| < \frac{\eta}{2}, \qquad t \geqq 0 \tag{3.51}$$

となるようにする．これが可能であることは $\varphi^1(t), \cdots, \varphi^m(t)$ の成分が (3.46) の形をしていることから明らかであろう．このとき，すべての番号 k に対し

$$\|\psi^k(t)\| < \eta, \qquad t \geqq 0$$

であることをまず示そう．

$k=0$ のときは (3.51) からこの不等式は明らかに成り立っている．いま $\psi^k(t)$ に対してこの不等式が成り立っているものとすれば (3.48) から

$$\|\psi^{k+1}(t)\| \leqq \|\psi^0(t)\| + \int_0^t \|\Phi_1(t-\tau)\|\cdot\|f(\psi^k(\tau),\tau)\|d\tau$$
$$+ \int_t^\infty \|\Phi_2(t-\tau)\|\cdot\|f(\psi^k(\tau),\tau)\|d\tau.$$

(3.49), (3.50), (3.51) から ($t\geqq 0$ のとき)

$$\|\psi^{k+1}(t)\| \leqq \frac{\eta}{2} + \frac{1}{2K(1/\alpha+1/\beta)}\left[\int_0^t \|\Phi_1(t-\tau)\|\cdot\|\psi^k(\tau)\|d\tau \right.$$
$$\left. + \int_t^\infty \|\Phi_2(t-\tau)\|\cdot\|\psi^k(\tau)\|d\tau\right]$$
$$\leqq \frac{\eta}{2} + \frac{\eta}{2K(1/\alpha+1/\beta)}\left(\frac{K}{\alpha}+\frac{K}{\beta}\right) = \eta.$$

これで

$$\|\psi^k(t)\| < \eta, \qquad t \geqq 0$$

が証明された．

さて

$$\psi^{k+1}(t) - \psi^k(t) = \int_0^t \Phi_1(t-\tau)(f(\psi^k(\tau),\tau) - f(\psi^{k-1}(\tau),\tau))d\tau$$
$$- \int_t^\infty \Phi_2(t-\tau)(f(\psi^k(\tau),\tau) - f(\psi^{k-1}(\tau),\tau))d\tau.$$

平均値の定理により右辺は

$$\int_0^t \Phi_1(t-\tau) f_x(\theta\psi^k(\tau)+(1-\theta)\psi^{k-1}(\tau),\tau)(\psi^k(\tau)-\psi^{k-1}(\tau))d\tau$$
$$-\int_t^\infty \Phi_2(t-\tau) f_x(\theta\psi^k(\tau)+(1-\theta)\psi^{k-1}(\tau),\tau)(\psi^k(\tau)-\psi^{k-1}(\tau))d\tau$$

に等しい．ただし $0<\theta<1$ である．$\|\psi^k(\tau)\|<\eta$, $\|\psi^{k-1}(\tau)\|<\eta$ であるから

$$\|\theta\psi^k(\tau)+(1-\theta)\psi^{k-1}(\tau)\|<\eta.$$

ゆえに(3.50)により

$$\|f_x(\theta\psi^k(\tau)+(1-\theta)\psi^{k-1}(\tau),\tau)\|<\frac{1}{2K(1/\alpha+1/\beta)}.$$

これから次の評価を得る．

$$\begin{aligned}\|\psi^{k+1}(t)-\psi^k(t)\| &\leqq \frac{1}{2K(1/\alpha+1/\beta)}\left[\int_0^t \|\Phi_1(t-\tau)\|\cdot\|\psi^k(\tau)-\psi^{k-1}(\tau)\|d\tau\right.\\ &\qquad \left.+\int_t^\infty \|\Phi_2(t-\tau)\|\cdot\|\psi^k(\tau)-\psi^{k-1}(\tau)\|d\tau\right]\\ &\leqq \frac{1}{2K(1/\alpha+1/\beta)}\left(\int_0^t \|\Phi_1(t-\tau)\|d\tau+\int_t^\infty \|\Phi_2(t-\tau)\|d\tau\right)\\ &\qquad \times \sup_{0\leqq\tau<\infty}\|\psi^k(\tau)-\psi^{k-1}(\tau)\|.\end{aligned}$$

ここで(3.49)を用いれば

$$\|\psi^{k+1}(t)-\psi^k(t)\| \leqq \frac{1}{2}\sup_{0\leqq\tau<\infty}\|\psi^k(\tau)-\psi^{k-1}(\tau)\|.$$

ゆえに

$$\sup_{0\leqq\tau<\infty}\|\psi^{k+1}(\tau)-\psi^k(\tau)\| \leqq \frac{1}{2}\sup_{0\leqq\tau<\infty}\|\psi^k(\tau)-\psi^{k-1}(\tau)\|.$$

この不等式をくりかえして用いることにより，任意の $t\geqq 0$ に対し

$$\|\psi^{k+1}(t)-\psi^k(t)\| \leqq \sup_{0\leqq\tau<\infty}\|\psi^{k+1}(\tau)-\psi^k(\tau)\| \leqq \left(\frac{1}{2}\right)^k \sup_{0\leqq\tau<\infty}\|\psi^1(\tau)-\psi^0(\tau)\|.$$

$\|\psi^1(\tau)\|<\eta$, $\|\psi^0(\tau)\|<\eta$ $(\tau\geqq 0)$ であったから

$$\|\psi^{k+1}(t)-\psi^k(t)\| \leqq \left(\frac{1}{2}\right)^k\cdot 2\eta = \left(\frac{1}{2}\right)^{k-1}\eta.$$

ところが級数

$$\sum_{k=1}^{\infty}\left(\frac{1}{2}\right)^{k-1}\eta$$

が収束するから，級数

$$\psi^0(t)+(\psi^1(t)-\psi^0(t))+(\psi^2(t)-\psi^1(t))+\cdots$$

は一様収束する．ゆえに関数列 $\{\psi^k(t)\}$ は一様収束する．その極限関数を $\psi(t)=\psi(t;c_1,\cdots,c_m)$ とすればすでに述べたように，これは m 個の任意定数 $c_1,\cdots,c_m$ に依存する (3.45) の解である．

最後に

$$\lim_{t\to\infty}\psi(t;c_1,\cdots,c_m)=0$$

を証明しなければいけないが，それには $M>0$ を適当にえらべば，すべての番号 k に対し

$$\|\psi^k(t)\|\leqq Me^{-(\alpha/2)t},\qquad t\geqq 0 \tag{3.52}$$

が成り立つことを示せば十分である．

$\psi^0(t)=c_1\varphi^1(t)+\cdots+c_m\varphi^m(t)$ であるから，ベクトル

$$(c_1,\cdots,c_m,0,\cdots,0)$$

を c で表せば

$$\psi^0(t)=\Phi_1(t)c.$$

ゆえに $t\geqq 0$ に対しては

$$\|\psi^0(t)\|\leqq\|\Phi_1(t)\|\cdot\|c\|\leqq K\|c\|e^{-\alpha t}\leqq K\|c\|e^{-(\alpha/2)t}$$

で，したがって M を $K\|c\|$ より大きくえらべば，(3.51) は $k=0$ に対して成り立つ．

そこで今，$M(>K\|c\|)$ を適当にえらぶことにより，番号 k に対して (3.52) が成り立ったと仮定しよう．

$$\psi^{k+1}(t)=\psi^0(t)+\int_0^t\Phi_1(t-\tau)f(\psi^k(\tau),\tau)d\tau-\int_t^\infty\Phi_2(t-\tau)f(\psi^k(\tau),\tau)d\tau$$

であるから，すでに用いた評価を用いれば

$$\|\psi^{k+1}(t)\|\leqq\|\psi^0(t)\|+\frac{1}{2K(1/\alpha+1/\beta)}\left[\int_0^t\|\Phi_1(t-\tau)\|\cdot\|\psi^k(\tau)\|d\tau\right.$$
$$\left.+\int_t^\infty\|\Phi_2(t-\tau)\|\cdot\|\psi^k(\tau)\|d\tau\right].$$

ここで帰納法の仮定(3.52)と，すでに用いた不等式

$$\|\Phi_1(t)\| \leqq Ke^{-\alpha t} \quad (t \geqq 0), \qquad \|\Phi_2(t)\| \leqq Ke^{\beta t} \quad (t \leqq 0)$$

とを用いれば

$$\begin{aligned}\|\psi^{k+1}(t)\| &\leqq K\|c\|e^{-(\alpha/2)t}+\frac{1}{2K(1/\alpha+1/\beta)}\left[\int_0^t Ke^{-\alpha(t-\tau)}\cdot Me^{-(\alpha/2)\tau}d\tau\right. \\ &\qquad \left.+\int_t^\infty Ke^{\beta(t-\tau)}\cdot Me^{-(\alpha/2)\tau}d\tau\right] \\ &= K\|c\|e^{-(\alpha/2)t}+\frac{M}{1/\alpha+1/\beta}\left(\frac{1}{\alpha}e^{-(\alpha/2)t}-\frac{1}{\alpha}e^{-\alpha t}+\frac{1}{\alpha+2\beta}e^{-(\alpha/2)t}\right) \\ &\leqq K\|c\|e^{-(\alpha/2)t}+\frac{M\alpha\beta}{\alpha+\beta}\left(\frac{1}{\alpha}+\frac{1}{\alpha+2\beta}\right)e^{-(\alpha/2)t}.\end{aligned}$$

したがって(3.52)が番号 $k+1$ に対して成り立つためには

$$K\|c\|+\frac{M\alpha\beta}{\alpha+\beta}\left(\frac{1}{\alpha}+\frac{1}{\alpha+2\beta}\right) < M,$$

すなわち

$$M\left(1-\frac{\alpha\beta}{\alpha+\beta}\left(\frac{1}{\alpha}+\frac{1}{\alpha+2\beta}\right)\right) > K\|c\|$$

ならばよい．したがって，もし

$$1-\frac{\alpha\beta}{\alpha+\beta}\left(\frac{1}{\alpha}+\frac{1}{\alpha+2\beta}\right) > 0$$

ならばこのような $M>0$ は必ず存在する．ところが，たとえば $\beta=\alpha$ ならば

$$1-\frac{\alpha\beta}{\alpha+\beta}\left(\frac{1}{\alpha}+\frac{1}{\alpha+2\beta}\right) = \frac{1}{3} > 0$$

となる．α を十分0に近くとっておけば β を上のようにえらぶことはつねに可能であるから，結局不等式(3.52)はすべての番号 k について成り立つ．▌

このようにしてその存在が証明された解

$$x = \psi(t\,;c_1, \cdots, c_m)$$

の Ljapunov 数に関して次の定理が成り立つ．

定理 3.10 方程式(3.45)：

$$\frac{dx}{dt} = Ax+f(x,t)$$

は定理3.9と同じ条件を満たすものとする．そのときそこで存在を証明された解

$$x=\psi(t)=\psi(t\,;c_1,\cdots,c_m),\qquad \lim_{t\to\infty}\psi(t)=0$$

が零解でなければ，$\psi(t)$ の Ljapunov 数は $-\alpha_1,\cdots,-\alpha_m$ のうちどれかに等しい．

証明　補題3.4により

$$\lim_{t\to\infty}\frac{\log\|\psi(t)\|}{t}$$

が $\alpha_1,\cdots,\alpha_m$ のうちのどれかに等しいことを示せばよい．

Ljapunov 数は変換 $x=Py$ によって明らかに不変であるから A は Jordan の標準形

$$\begin{bmatrix}\lambda_1 & \sigma_1 & & 0\\ & \lambda_2 & \ddots & \\ & & \ddots & \sigma_{n-1}\\ 0 & & & \lambda_n\end{bmatrix},\qquad \sigma_k=0 \text{ または } 1$$

であると仮定してよい．さらに $\gamma>0$ として

$$Q=\begin{bmatrix}1 & & & & 0\\ & \gamma & & & \\ & & \gamma^2 & & \\ & & & \ddots & \\ 0 & & & & \gamma^{n-1}\end{bmatrix}$$

とおき，変換 $x=Qy$ を施すと，変換された方程式

$$\frac{dy}{dt}=By+g(y,t)$$

において

$$B=\begin{bmatrix}\lambda_1 & \gamma\sigma_1 & & 0\\ & \lambda_2 & \ddots & \\ & & \ddots & \gamma\sigma_{n-1}\\ 0 & & & \lambda_n\end{bmatrix}$$

となる．γ を小さくえらぶことにより $\gamma\sigma_k$ はいくらでも小さくすることができるから，はじめから A において σ_k は(0 または 1 ではなく)任意に与えられた正の数 γ より大きくない正の数または 0 であると仮定しておいて一般性を失わない．

なお証明の便宜上，固有値の番号を

$$\alpha_1\leqq\alpha_2\leqq\cdots\leqq\alpha_m<0<\alpha_{m+1}\leqq\alpha_{m+2}\leqq\cdots\leqq\alpha_n$$

となるようにつけておく.

(3.45)を成分にわけて書くと次のようになる.

$$\frac{dx_k}{dt}=\lambda_k x_k+\sigma_k x_{k+1}+f_k(x,t),\qquad k=1,\cdots,n,$$

ただし $\sigma_n=0$ とする.

両辺に $2\bar{x}_k$ をかけると

$$2\bar{x}_k\frac{dx_k}{dt}=2\lambda_k|x_k|^2+2\sigma_k\bar{x}_k x_{k+1}+2\bar{x}_k f_k(x,t).$$

両辺の実部をとれば

$$\text{(3.53)}\qquad \frac{d}{dt}|x_k|^2=2\alpha_k|x_k|^2+2\sigma_k\,\mathrm{Re}\,(\bar{x}_k x_{k+1})+2\,\mathrm{Re}\,(\bar{x}_k f_k(x,t)).$$

$\alpha_1\leqq\alpha_k\leqq\alpha_n$, $0\leqq\sigma_k\leqq\gamma$ であるから

$$\begin{aligned}&2\alpha_1|x_k|^2-2\gamma|x_k||x_{k+1}|-2|x_k||f_k(x,t)|\\&\leqq\frac{d}{dt}|x_k|^2\leqq 2\alpha_n|x_k|^2+2\gamma|x_k||x_{k+1}|+2|x_k||f_k(x,t)|,\qquad k=1,\cdots,n,\end{aligned}$$

ただし $x_{n+1}=0$ とする.

これを k について1から n まで加え合わせれば

$$\begin{aligned}&2\alpha_1\|x\|^2-2\gamma\sum_{k=1}^{n}|x_k||x_{k+1}|-2\sum_{k=1}^{n}|x_k||f_k(x,t)|\\&\leqq\frac{d}{dt}\|x\|^2\leqq 2\alpha_n\|x\|^2+2\gamma\sum_{k=1}^{n}|x_k||x_{k+1}|+2\sum_{k=1}^{n}|x_k||f_k(x,t)|.\end{aligned}$$

ここで, よく知られたSchwarzの不等式

$$\sum_{k=1}^{n}|a_k||b_k|\leqq\sqrt{\sum_{k=1}^{n}|a_k|^2}\cdot\sqrt{\sum_{k=1}^{n}|b_k|^2}$$

を用いれば

$$\begin{aligned}\sum_{k=1}^{n}|x_k||x_{k+1}|&\leqq\sqrt{\sum_{k=1}^{n}|x_k|^2}\cdot\sqrt{\sum_{k=1}^{n-1}|x_{k+1}|^2}\\&\leqq\sqrt{\sum_{k=1}^{n}|x_k|^2}\cdot\sqrt{\sum_{k=1}^{n}|x_k|^2}=\|x\|^2,\end{aligned}$$

$$\sum_{k=1}^{n}|x_k||f_k(x,t)|\leqq\|x\|\cdot\|f(x,t)\|$$

であるから

$$2\alpha_1\|x\|^2-2\gamma\|x\|^2-2\|x\|\cdot\|f(x,t)\|$$
$$\leqq \frac{d}{dt}\|x\|^2 \leqq 2\alpha_n\|x\|^2+2\gamma\|x\|^2+2\|x\|\cdot\|f(x,t)\|.$$

ここで x として，定理3.9で求めた解

$$x=\psi(t)=\psi(t\,;c_1,\cdots,c_m)$$

をとれば

$$\lim_{t\to\infty}\psi(t)=0$$

であるから，(3.45)に関する条件(4)により，任意に定めた $\varepsilon>0$ に対し，$T>0$ が存在して，$t>T$ ならば

$$\|f(\psi(t),t)\|<\varepsilon\|\psi(t)\|$$

となる．したがって $\|\psi(t)\|^2=w(t)$ とおけば $t>T$ のとき

$$2(\alpha_1-\gamma-\varepsilon)w(t)\leqq \frac{dw(t)}{dt}\leqq 2(\alpha_n+\gamma+\varepsilon)w(t).$$

$\psi(t)$ は零解でないとしているから，$w(t)>0$. そこで上の不等式の両辺を $w(t)$ で割って，ある $t_0>T$ から $t(>t_0)$ まで積分すれば

$$2(\alpha_1-\gamma-\varepsilon)(t-t_0)\leqq \log w(t)-\log w(t_0)\leqq 2(\alpha_n+\gamma+\varepsilon)(t-t_0).$$

これから

$$\limsup_{t\to\infty}\frac{\log w(t)}{t}\leqq 2(\alpha_n+\gamma+\varepsilon),$$

$$\liminf_{t\to\infty}\frac{\log w(t)}{t}\geqq 2(\alpha_1-\gamma-\varepsilon).$$

この不等式の左辺は γ,ε には無関係な量であって，しかも γ,ε は任意に小さくとれるから

$$\limsup_{t\to\infty}\frac{\log w(t)}{t}=2M,\qquad \liminf_{t\to\infty}\frac{\log w(t)}{t}=2\mu$$

とおけば

$$\alpha_1\leqq\mu\leqq M\leqq\alpha_n.$$

ゆえにある番号 ν が存在して

$$\alpha_\nu\leqq\mu<\alpha_{\nu+1}$$

となる．

$\psi(t)$ の成分を $\psi_1(t), \cdots, \psi_n(t)$ として

$$w_1(t) = \sum_{k=1}^{\nu} |\psi_k(t)|^2, \qquad w_2(t) = \sum_{k=\nu+1}^{n} |\psi_k(t)|^2$$

とおく．もちろん $w(t) = w_1(t) + w_2(t)$ である．

(3.53) の x_k を $\psi_k(t)$ でおきかえ，これを $k=1, \cdots, \nu$ について考えれば，$\alpha_k \leqq \alpha_\nu$，$\sigma_k \leqq \gamma$ であるから

$$\frac{d}{dt}|\psi_k(t)|^2 \leqq 2\alpha_\nu |\psi_k(t)|^2 + 2\gamma|\psi_k(t)||\psi_{k+1}(t)| + 2|\psi_k(t)||f_k(\psi(t), t)|.$$

これを k について 1 から ν まで加え，

$$\sum_{k=1}^{\nu} |\psi_k(t)||\psi_{k+1}(t)| \leqq \sum_{k=1}^{n} |\psi_k(t)||\psi_{k+1}(t)| \leqq \|\psi(t)\|^2,$$

$$\sum_{k=1}^{\nu} |\psi_k(t)||f_k(\psi(t), t)| \leqq \sum_{k=1}^{n} |\psi_k(t)||f_k(\psi(t), t)|$$
$$\leqq \|\psi(t)\| \cdot \|f(\psi(t), t)\| \leqq \varepsilon\|\psi(t)\|^2$$

を用いれば

$$\frac{dw_1(t)}{dt} \leqq 2\alpha_\nu w_1(t) + 2(\gamma+\varepsilon)w(t). \tag{3.54}$$

同様な方法で，$w_2(t)$ に関する次の不等式

$$\frac{dw_2(t)}{dt} \geqq 2\alpha_{\nu+1} w_2(t) - 2(\gamma+\varepsilon)w(t) \tag{3.55}$$

が得られる．これら二つの不等式から

$$\frac{d(w_2(t)-w_1(t))}{dt} \geqq (2\alpha_{\nu+1}w_2(t) - 2(\gamma+\varepsilon)w(t)) - (2\alpha_\nu w_1(t) + 2(\gamma+\varepsilon)w(t))$$
$$= (2\alpha_{\nu+1} - 4\gamma - 4\varepsilon)w_2(t) - (2\alpha_\nu + 4\gamma + 4\varepsilon)w_1(t).$$

いま σ を

$$\mu < \sigma < \alpha_{\nu+1}$$

となるようにえらぶ．γ, ε を十分小さくとって

$$\alpha_{\nu+1} - 2\gamma - 2\varepsilon > \sigma > \alpha_\nu + 2\gamma + 2\varepsilon$$

が成り立つようにしておくならば

$$\frac{d(w_2(t)-w_1(t))}{dt} \geqq 2\sigma(w_2(t) - w_1(t)). \tag{3.56}$$

ところが

$$\frac{d}{dt}((w_2(t)-w_1(t))e^{-2\sigma t}) = e^{-2\sigma t}\left(\frac{d}{dt}(w_2(t)-w_1(t))-2\sigma(w_2(t)-w_1(t))\right)$$

であるから，(3.56)により

$$\frac{d}{dt}((w_2(t)-w_1(t))e^{-2\sigma t}) \geqq 0,$$

すなわち $t>T$ ならば $(w_2(t)-w_1(t))e^{-2\sigma t}$ は増加関数である．それゆえ，ある時刻 $t_0>T$ において $w_2(t_0)-w_1(t_0)>0$ ならば($e^{-2\sigma t}>0$ であるから)，$t\geqq t_0$ に対してはつねに $w_2(t)-w_1(t)>0$ である．ゆえに(3.56)の両辺を $w_2(t)-w_1(t)$ で割れば，$t\geqq t_0>T$ では

$$\frac{d(w_2(t)-w_1(t))}{dt}\Big/(w_2(t)-w_1(t)) \geqq 2\sigma.$$

この両辺を t_0 から t まで積分して t で割れば

$$\frac{\log(w_2(t)-w_1(t))}{t}-\frac{\log(w_2(t_0)-w_1(t_0))}{t} \geqq 2\sigma\cdot\frac{t-t_0}{t},$$

あるいは

$$\begin{aligned}\frac{\log(w_2(t)-w_1(t))}{t} &\geqq 2\sigma+\left(\frac{\log(w_2(t_0)-w_1(t_0))}{t}-\frac{2\sigma t_0}{t}\right)\\ &\geqq 2\sigma-\left|\frac{\log(w_2(t_0)-w_1(t_0))}{t}-\frac{2\sigma t_0}{t}\right|.\end{aligned}$$

この不等式の $|\ |$ の中の項は $t\to\infty$ のとき 0 に収束するから($\sigma>\mu$ であることに注意して)，$t_1(>t_0)$ を十分大きくとれば $t>t_1$ に対して

$$\left|\frac{\log(w_2(t_0)-w_1(t_0))}{t}-\frac{2\sigma t_0}{t}\right| < \sigma-\mu.$$

ゆえに

$$\frac{\log(w_2(t)-w_1(t))}{t} > 2\sigma-(\sigma-\mu) = \mu+\sigma. \tag{3.57}$$

一方

$$\liminf_{t\to\infty}\frac{\log w(t)}{t} = \liminf_{t\to\infty}\frac{\log(w_1(t)+w_2(t))}{t} = 2\mu < \mu+\sigma.$$

したがって $t_2>t_1$ で，しかも

$$\frac{\log(w_1(t_2)+w_2(t_2))}{t_2} < \mu+\sigma$$

となるような t_2 が存在する．(3. 57) は $t=t_2$ においても成り立っているから，これらを比べて

$$w_2(t_2)-w_1(t_2) > w_1(t_2)+w_2(t_2)$$

すなわち

$$w_1(t_2) < 0.$$

ところが $w_1(t_2)=\sum_{k=1}^{\nu}|\psi_k(t_2)|^2 \geqq 0$ であるからこれは矛盾である．この矛盾の原因は

$$w_2(t_0)-w_1(t_0) > 0$$

となる t_0 の存在を仮定したことにあるから，結局 $t>T$ ならばつねに

$$w_1(t) \geqq w_2(t) \quad ゆえに \quad 2w_1(t) \geqq w(t).$$

この関係を (3. 54) の右辺に用いれば

$$\frac{dw_1(t)}{dt} \leqq (2\alpha_\nu+4(\gamma+\varepsilon))w_1(t),$$

両辺を $w_1(t)$ で割って，ある $t_0>T$ から $t\,(>t_0)$ まで積分し，さらにそれを t で割れば

$$\frac{\log w_1(t)-\log w_1(t_0)}{t} \leqq (2\alpha_\nu+4(\gamma+\varepsilon))\frac{t-t_0}{t}.$$

ここで $t\to\infty$ とすれば

$$\limsup_{t\to\infty}\frac{\log w_1(t)}{t} \leqq 2\alpha_\nu+4(\gamma+\varepsilon).$$

γ, ε は任意に小さくとれるから

$$\limsup_{t\to\infty}\frac{\log w_1(t)}{t} \leqq 2\alpha_\nu.$$

一方

$$2M = \limsup_{t\to\infty}\frac{\log(w_1(t)+w_2(t))}{t} \leqq \limsup_{t\to\infty}\frac{\log 2w_1(t)}{t}$$

$$= \limsup_{t\to\infty}\frac{\log w_1(t)}{t} \leqq 2\alpha_\nu$$

すなわち

$$M \leqq \alpha_\nu$$

である．これと

$$\alpha_\nu \leqq \mu \leqq M$$

とを比べて $\mu=M=\alpha_\nu$ を得る．したがって

$$\lim_{t\to\infty}\frac{\log w(t)}{t}=\lim_{t\to\infty}\frac{\log\|\psi(t)\|^2}{t}=2\lim_{t\to\infty}\frac{\log\|\psi(t)\|}{t}=2\alpha_\nu,$$

すなわち

$$\lim_{t\to\infty}\frac{\log\|\psi(t)\|}{t}=\alpha_\nu.$$

ゆえに $\psi(t)=\psi(t;c_1,\cdots,c_m)$ の Ljapunov 数は $-\alpha_1,\cdots,-\alpha_n$ のうちのどれかに等しいことがわかった．

ところがこのうち $-\alpha_{m+1},\cdots,-\alpha_n$ は $\psi(t)$ の Ljapunov 数ではあり得ない．実際，たとえば $-\alpha_\nu\,(\nu\geqq m+1)$ が Ljapunov 数であるとすれば，任意に小さい $\varepsilon>0$ に対し

$$\limsup\|\psi(t)\|e^{(-\alpha_\nu+\varepsilon)t}=\infty$$

となるはずであるが，$\nu\geqq m+1$ ならば $-\alpha_\nu<0$ であるから，ε が十分小ならば $-\alpha_\nu+\varepsilon<0$．一方 $t\to\infty$ のとき $\psi(t)\to 0$ であるから

$$\lim_{t\to\infty}\|\psi(t)\|e^{(-\alpha_\nu+\varepsilon)t}=0$$

となって矛盾を生ずる．

ゆえに $\psi(t;c_1,\cdots,c_m)$ の Ljapunov 数は $-\alpha_1,\cdots,-\alpha_m$ のうちのどれかである．∎

定理 3.9 および 3.10 はもちろん $m=n$，すなわち A の固有値の実部がすべて負の場合にも成り立つ．

この場合 $t\to\infty$ で 0 に近づく解 $\psi(t;c_1,\cdots,c_n)$ をつくるのに用いる逐次近似の式

$$\psi^{k+1}(t)=\psi^0(t)+\int_0^t\Phi_1(t-\tau)f(\psi^k(\tau),\tau)d\tau-\int_t^\infty\Phi_2(t-\tau)f(\psi^k(\tau),\tau)d\tau$$

において，

$$\Phi_2(t)=0,\qquad \Phi_1(t)=\Phi(t)$$

となるので，逐次近似の式は実は

$$\psi^{k+1}(t)=\psi^0(t)+\int_0^t\Phi(t-\tau)f(\psi^k(\tau),\tau)d\tau$$

で，$\psi(t)$ は $\lim_{k\to\infty}\psi^k(t)$ であるから，$\psi(t)$ は次の積分方程式を満たす．

$$\psi(t) = \psi^0(t)+\int_0^t \Phi(t-\tau)f(\psi(\tau), \tau)d\tau.$$

これから直ちに

$$\psi(0) = \psi^0(0).$$

一方($n=m$ だから)

$$\psi^0(t) = c_1\varphi^1(t)+\cdots+c_n\varphi^n(t) = \Phi(t)c$$

で $\Phi(0)=E$ であったから

$$\psi^0(0) = c.$$

ゆえに $\psi(t)=\psi(t\,;c_1, \cdots, c_n)$ は，$t=0$ で初期値 $c=(c_1, \cdots, c_n)$ をとる解であることがわかる．$|c_1|, \cdots, |c_n|$ が十分小さければ逐次近似は収束するから，$\|c\|$ が十分小さいときは，$t=0$ で $x=c=(c_1, \cdots, c_n)$ となる解は

$$x = \psi(t\,;c_1, \cdots, c_n)$$

と書かれることがわかった．

一方定理3.10によれば，$\psi(t\,;c_1, \cdots, c_n)$ の Ljapunov 数は $-\alpha_1, \cdots, -\alpha_n$ のうちのどれかである．以上のことをまとめると次の定理が得られる．

定理 3.11 微分方程式(3.45)において A の固有値 $\lambda_1, \cdots, \lambda_n$ の実部はすべて負であるとする．このとき(3.45)の零解以外の解 $x=x(t)$ の Ljapunov 数は，$\|x(0)\|$ が十分小さければ $-\mathrm{Re}\,\lambda_1, \cdots, -\mathrm{Re}\,\lambda_n$ のうちのどれかに等しい．——

§3.6 安定多様体

方程式(3.45):

$$\frac{dx}{dt} = Ax+f(x, t)$$

の解についてもう少し考察を続けよう．もちろん§3.5で述べた条件(1)-(4)は成り立っているものとする．さらに，§3.5と同じく A の固有値 $\lambda_1, \cdots, \lambda_n$ の実部を $\alpha_1, \cdots, \alpha_n$ とするとき

$$\alpha_1 \leqq \alpha_2 \leqq \cdots \leqq \alpha_m < 0 < \alpha_{m+1} \leqq \alpha_{m+2} \leqq \cdots \leqq \alpha_n$$

であるものとする．

定理3.9においてわれわれは，m 個のパラメータ $c_1, \cdots, c_m$ に依存する(3.45)

の解

$$x = \psi(t) = \psi(t\,;c_1, \cdots, c_m)$$

で $t \to \infty$ のとき 0 に収束するものの存在を証明した．この解を構成するときに用いた逐次近似の方法から明らかなように，$\psi(t)$ は次の積分方程式の解である．

$$\psi(t) = \Phi_1(t)c + \int_0^t \Phi_1(t-\tau) f(\psi(\tau), \tau) d\tau - \int_t^\infty \Phi_2(t-\tau) f(\psi(\tau), \tau) d\tau. \tag{3.58}$$

ただし $c = (c_1, \cdots, c_m, 0, \cdots, 0)$ である．

$\Phi(t) = e^{At}$ で，A は Jordan の標準形

$$\begin{bmatrix} \lambda_1 & \sigma_1 & & 0 \\ & \ddots & \ddots & \\ & & \ddots & \sigma_{n-1} \\ 0 & & & \lambda_n \end{bmatrix}$$

であると仮定してよい．σ_k は 0 または 1 で，$\lambda_k \neq \lambda_{k+1}$ ならば $\sigma_k = 0$ である．われわれの場合 $\lambda_m < 0 < \lambda_{m+1}$ と仮定しているから

$$A_1 = \begin{bmatrix} \lambda_1 & \sigma_1 & & 0 \\ & \ddots & \ddots & \\ & & \ddots & \sigma_{m-1} \\ 0 & & & \lambda_m \end{bmatrix}, \qquad A_2 = \begin{bmatrix} \lambda_{m+1} & \sigma_{m+1} & & 0 \\ & \ddots & \ddots & \\ & & \ddots & \sigma_{n-1} \\ 0 & & & \lambda_n \end{bmatrix}$$

とおけば

$$A = \begin{bmatrix} A_1 & 0 \\ 0 & A_2 \end{bmatrix}.$$

ゆえに

$$\Phi(t) = e^{At} = \begin{bmatrix} e^{A_1 t} & 0 \\ 0 & e^{A_2 t} \end{bmatrix}, \qquad \Phi_1(t) = \begin{bmatrix} e^{A_1 t} & 0 \\ 0 & 0 \end{bmatrix}, \qquad \Phi_2(t) = \begin{bmatrix} 0 & 0 \\ 0 & e^{A_2 t} \end{bmatrix}.$$

このことに注意すれば，$t=0$ における $\psi(t)$ の値を

$$\psi(0) = \xi = (\xi_1, \cdots, \xi_n)$$

とするとき，(3.58) により

$$\xi = \begin{bmatrix} E_m & 0 \\ 0 & 0 \end{bmatrix} c - \int_0^\infty \begin{bmatrix} 0 & 0 \\ 0 & e^{-A_2 \tau} \end{bmatrix} f(\psi(\tau), \tau) d\tau$$

が導かれる．ただし E_m は m 次元の単位行列である．

$$-\int_0^\infty \begin{bmatrix} 0 & 0 \\ 0 & e^{-A_2\tau} \end{bmatrix} f(\psi(\tau),\tau)d\tau$$

を θ とおけば，$\psi(\tau)$ が $c_1, \cdots, c_m$ に依存しているから，θ は $c_1, \cdots, c_m$ に依存するベクトルである．θ の成分を

$$\theta_k(c_1, \cdots, c_m), \qquad k=1, \cdots, n$$

とおくと，明らかに

$$\theta_1 = \cdots = \theta_m = 0$$

である．したがって

$$\xi_1 = c_1, \quad \cdots, \quad \xi_m = c_m,$$
$$\xi_{m+1} = \theta_{m+1}(c_1, \cdots, c_m), \quad \cdots, \quad \xi_n = \theta_n(c_1, \cdots, c_m)$$

となる．これから

$$(3.59) \qquad \begin{aligned} \xi_{m+1} &= \theta_{m+1}(\xi_1, \cdots, \xi_m), \\ &\cdots\cdots\cdots\cdots\cdots \\ \xi_n &= \theta_n(\xi_1, \cdots, \xi_m) \end{aligned}$$

を得る．これは $(\xi_1, \cdots, \xi_n)$ を座標とする n 次元 Euclid 空間内の m 次元の多様体を表す．この多様体を**安定多様体**とよび S で表せば，われわれが定理3.9で求めた解 $\psi(t\,; c_1, \cdots, c_m)$ はその初期値 $\psi(0\,; c_1, \cdots, c_m)$ が S の上にのっている解である．したがって定理3.9の内容は次のように述べることができる：

S 上にあって，しかも原点に十分近い点を ξ とすれば，$t=0$ において $x=\xi$ となる(3.45)の解は $t\to\infty$ のとき0に収束する．

それでは S 上にのっていない点を初期値とする解は，$t\to\infty$ のときどんな行動を示すであろうか．

まず S の上に初期条件をもつ解 $\psi(t)=\psi(t\,; c_1, \cdots, c_m)$ は，積分方程式(3.58)：

$$\psi(t) = \Phi_1(t)c + \int_0^t \Phi_1(t-\tau)f(\psi(\tau),\tau)d\tau - \int_t^\infty \Phi_2(t-\tau)f(\psi(\tau),\tau)d\tau$$

の解であったが，定理3.9の証明で示したように，これをつくる逐次近似の過程であらわれる近似関数 $\psi^k(t)$ がすべて不等式 $\|\psi^k(t)\|<\eta\,(t\geqq 0)$ を満たしているので，その極限である $\psi(t)$ も

$$(3.60) \qquad \|\psi(t)\| \leqq \eta, \qquad t \geqq 0$$

を満たす．ただし η は適当な正の数で $\|x\|\leqq\eta$ ならば不等式

$$\|f_x(x,t)\| \leqq \frac{1}{2K(1/\alpha+1/\beta)} \quad したがって \quad \|f(x,t)\| \leqq \frac{\|x\|}{2K(1/\alpha+1/\beta)}$$

がすべての t に対して成り立つようにえらばれている．

われわれはまず(3.58)の解で不等式(3.60)を満たすものは $\psi(t)$ ただ一つであることを示そう．

実際，$x=\tilde{\psi}(t)$ が(3.60)を満たし，しかも積分方程式(3.58)をも満たしているとすれば

$$\begin{aligned}
\psi(t)-\tilde{\psi}(t) &= \int_0^t \Phi_1(t-\tau)(f(\psi(\tau),\tau)-f(\tilde{\psi}(\tau),\tau))d\tau \\
&\quad -\int_t^\infty \Phi_2(t-\tau)(f(\psi(\tau),\tau)-f(\tilde{\psi}(\tau),\tau))d\tau \\
&= \int_0^t \Phi_1(t-\tau)f_x(\theta\psi(\tau)+(1-\theta)\tilde{\psi}(\tau),\tau)(\psi(\tau)-\tilde{\psi}(\tau))d\tau \\
&\quad -\int_t^\infty \Phi_2(t-\tau)f_x(\theta\psi(\tau)+(1-\theta)\tilde{\psi}(\tau),\tau)(\psi(\tau)-\tilde{\psi}(\tau))d\tau.
\end{aligned}$$

ただし $0<\theta<1$ である．$\|\psi(\tau)\|\leqq\eta$，$\|\tilde{\psi}(\tau)\|\leqq\eta$ であるから

$$\|\theta\psi(\tau)+(1-\theta)\tilde{\psi}(\tau)\| \leqq \eta,$$

したがって

$$\|f_x(\theta\psi(\tau)+(1-\theta)\tilde{\psi}(\tau),\tau)\| \leqq \frac{1}{2K(1/\alpha+1/\beta)}.$$

また，定理3.9の証明で用いた不等式

$$\|\Phi_1(t)\| \leqq Ke^{-\alpha t} \quad (t\geqq 0), \qquad \|\Phi_2(t)\| \leqq Ke^{\beta t} \quad (t\leqq 0)$$

が成り立つから

$$\begin{aligned}
\|\psi(t)-\tilde{\psi}(t)\| &\leqq \frac{K}{2K(1/\alpha+1/\beta)}\left[\int_0^t e^{-\alpha(t-\tau)}\|\psi(\tau)-\tilde{\psi}(\tau)\|d\tau \right. \\
&\qquad \left. +\int_t^\infty e^{\beta(t-\tau)}\|\psi(\tau)-\tilde{\psi}(\tau)\|d\tau\right] \\
&\leqq \frac{1}{2(1/\alpha+1/\beta)}\left[\int_0^t e^{-\alpha(t-\tau)}d\tau+\int_t^\infty e^{\beta(t-\tau)}d\tau\right]\sup_{0\leqq\tau<\infty}\|\psi(\tau)-\tilde{\psi}(\tau)\| \\
&= \frac{1}{2(1/\alpha+1/\beta)}\left[\frac{1}{\alpha}(1-e^{-\alpha t})+\frac{1}{\beta}\right]\sup_{0\leqq\tau<\infty}\|\psi(\tau)-\tilde{\psi}(\tau)\| \\
&\leqq \frac{1}{2}\sup_{0\leqq\tau<\infty}\|\psi(\tau)-\tilde{\psi}(\tau)\|.
\end{aligned}$$

これから

$$\sup_{0\leqq\tau<\infty}\|\psi(\tau)-\tilde{\psi}(\tau)\|\leqq\frac{1}{2}\sup_{0\leqq\tau<\infty}\|\psi(\tau)-\tilde{\psi}(\tau)\|,$$

すなわち

$$\psi(t)=\tilde{\psi}(t)$$

を得る.

次に，$t=0$ で $x=\xi=(\xi_1,\cdots,\xi_n)$ となる (3.45) の解 $x(t)$ を考え，$\|\xi\|$ を十分小さくとることにより

$$\|x(t)\|\leqq\eta,\qquad t\geqq 0$$

が成り立つようにすることができたと仮定してみよう．そうすると，この場合初期値 ξ は多様体 S 上の点であって，定数 $c_1,\cdots,c_m$ を適当にえらぶことにより

$$x(t)=\psi(t\,;c_1,\cdots,c_m)$$

となっていることが次のようにして証明される.

$x(t)$ は次の積分方程式を満たす.

$$x(t)=e^{At}\xi+\int_0^t e^{A(t-\tau)}f(x(\tau),\tau)d\tau.$$

この式を次のように変形する.

$$e^{At}\xi=\Phi(t)\xi=\Phi_1(t)\xi+\Phi_2(t)\xi,$$

$$\begin{aligned}
&\int_0^t e^{A(t-\tau)}f(x(\tau),\tau)d\tau\\
&\quad=\int_0^t\begin{bmatrix}e^{A_1(t-\tau)}&0\\0&0\end{bmatrix}f(x(\tau),\tau)d\tau+\int_0^t\begin{bmatrix}0&0\\0&e^{A_2(t-\tau)}\end{bmatrix}f(x(\tau),\tau)d\tau\\
&\quad=\int_0^t\begin{bmatrix}e^{A_1(t-\tau)}&0\\0&0\end{bmatrix}f(x(\tau),\tau)d\tau+\int_0^\infty\begin{bmatrix}0&0\\0&e^{A_2(t-\tau)}\end{bmatrix}f(x(\tau),\tau)d\tau\\
&\qquad-\int_t^\infty\begin{bmatrix}0&0\\0&e^{A_2(t-\tau)}\end{bmatrix}f(x(\tau),\tau)d\tau\\
&\quad=\int_0^t\Phi_1(t-\tau)f(x(\tau),\tau)d\tau+\Phi_2(t)\int_0^\infty\Phi_2(-\tau)f(x(\tau),\tau)d\tau\\
&\qquad-\int_t^\infty\Phi_2(t-\tau)f(x(\tau),\tau)d\tau.
\end{aligned}$$

ゆえに

$$x(t)=\Phi_1(t)\xi+\Phi_2(t)\left(\xi+\int_0^\infty \Phi_2(-\tau)f(x(\tau),\tau)d\tau\right) \tag{3.61}$$
$$+\int_0^t \Phi_1(t-\tau)f(x(\tau),\tau)d\tau-\int_t^\infty \Phi_2(t-\tau)f(x(\tau),\tau)d\tau.$$

もちろんこのような変形が可能なためには

$$\int_0^\infty \Phi_2(-\tau)f(x(\tau),\tau)d\tau<\infty$$

でなければならないが，それは次のようにして証明される．

$\|x(t)\|\leqq\eta\,(t\geqq 0)$ であるから

$$\frac{1}{2K(1/\alpha+1/\beta)}=A$$

とおけば

$$\|f_x(x,t)\|\leqq A,\qquad \|f(x,t)\|\leqq A\|x\|\leqq A\eta. \tag{3.62}$$

さらに

$$\|\Phi_2(t)\|\leqq Ke^{\beta t},\qquad t\leqq 0$$

であるから

$$\int_0^\infty \|\Phi_2(-\tau)\|\cdot\|f(x(\tau),\tau)\|d\tau\leqq KA\eta\int_0^\infty e^{-\beta\tau}d\tau<\infty.$$

さて，そこで(3.61)の各項をしらべてみると，$t\to\infty$ のとき，左辺 $x(t)$ は仮定により有界，右辺では

$$\Phi_1(t)\xi,\qquad \int_0^t \Phi_1(t-\tau)f(x(\tau),\tau)d\tau$$

が有界である．これは不等式

$$\|\Phi_1(t)\|\leqq Ke^{-\alpha t},\qquad t\geqq 0$$

と(3.62)とから直ちにわかる．さらに

$$\left\|\int_t^\infty \Phi_2(t-\tau)f(x(\tau),\tau)d\tau\right\|\leqq\int_t^\infty \|\Phi_2(t-\tau)\|\cdot\|f(x(\tau),\tau)\|d\tau$$
$$\leqq\int_t^\infty Ke^{\beta(t-\tau)}\cdot A\eta=\frac{KA\eta}{\beta}<\infty$$

であるから，

$$\int_t^\infty \Phi_2(t-\tau)f(x(\tau),\tau)d\tau$$

も有界である．したがって残りの項

$$\Phi_2(t)\left(\xi+\int_0^\infty \Phi_2(t-\tau)f(x(\tau),\tau)d\tau\right)$$

も有界でなければならない．ところが $\Phi_2(t)$ の要素は

$$e^{\lambda_k t}\times(t\text{ の多項式}),\qquad k\geqq m+1$$

のような形をしており，$\mathrm{Re}\,\lambda_k>0\,(k\geqq m+1)$ であるから $\Phi_2(t)$ は有界ではない．したがって(3.61)が成り立つためには，ξ は

$$\Phi_2(t)\left(\xi+\int_0^\infty \Phi_2(t-\tau)f(x(\tau),\tau)d\tau\right)=0 \tag{3.63}$$

が成り立つようにえらばれていなければならない．

$$\Phi_2(t)=\begin{bmatrix}0 & 0\\ 0 & e^{A_2t}\end{bmatrix}$$

であるから，このことはベクトル

$$\xi+\int_0^\infty \Phi_2(t-\tau)f(x(\tau),\tau)d\tau$$

の，第 $m+1,\cdots,n$ 成分がすべて0となるように ξ がえらばれなければいけないことを示している．

(3.63)を(3.61)にもちこめば，$x(t)$ の満たす積分方程式は

$$x(t)=\Phi_1(t)\xi+\int_0^t \Phi_1(t-\tau)f(x(\tau),\tau)d\tau$$
$$-\int_t^\infty \Phi_2(t-\tau)f(x(\tau),\tau)d\tau$$

となるが，

$$\Phi_1(t)=\begin{bmatrix}e^{A_1t} & 0\\ 0 & 0\end{bmatrix}$$

であるから，$\xi_1=c_1,\ \cdots,\ \xi_m=c_m$ として

$$c=(c_1,\cdots,c_m,0,\cdots,0)$$

とおけば

$$x(t)=\Phi_1(t)c+\int_0^t \Phi_1(t-\tau)f(x(\tau),\tau)d\tau$$
$$-\int_t^\infty \Phi_2(t-\tau)f(x(\tau),\tau)d\tau.$$

これは $\psi(t)=\psi(t;c_1,\cdots,c_m)$ の満たす積分方程式(3.58)と全く同じものであり，$x(t)$ はこれの解で $\|x(t)\|\leqq\eta$ が $t\geqq0$ において成り立つ.

ところがこのような性質をもつ(3.58)の解は，先に示したようにただ一つしかないから

$$x(t)=\psi(t;c_1,\cdots,c_m)$$

である．したがって $x(t)$ の初期値 $x(0)=\xi$ は多様体 S の上にのっている.

この事実の対偶をとれば次のようになる．η を適当に小さくえらんだ正の数とすると，(3.45)の解 $x(t)$ で初期値 $x(0)$ が多様体 S の上にのっていないものは(初期値をいくら小さくえらんでも)，ある時刻 $t_1>0$ において $\|x(t_1)\|>\eta$ となる.

以上のことから直ちに次の定理が得られる.

定理 3.12 微分方程式(3.45):

$$\frac{dx}{dt}=Ax+f(x,t)$$

において，A の固有値のうち m 個のものはその実部が負で，残りの $n-m$ 個はその実部が正であるとする．もし $m<n$ ならば(3.45)の零解は安定ではない．しかし $\boldsymbol{R}^n$ の中に原点を通る m 次元の多様体 S が存在して，S 上に初期値をもつ解の族の中では零解は安定である．すなわち零解は S 上に初期値をもつ解の族に関する条件安定性をもつ．——

§3.7 展開定理

微分方程式の解の $t\to\infty$ における漸近的行動をくわしく知るためには，もちろん $t\to\infty$ において有効な解の解析的表現——たとえば無限級数展開——が求められることがいちばん望ましい．一般の方程式ではこれは残念ながら不可能で，前節までに述べたような間接的な方法に頼らざるを得ないが，微分方程式の右辺が x の解析関数であるときには，適当な条件のもとで展開式を求めることができる．ここではそのいちばん簡単な例として，微分方程式の右辺が t を含まない場合についての展開定理を証明しておこう．これは Poincaré および Picard により得られたものである.

とりあつかう方程式は

(3.64)
$$\frac{dx}{dt} = Ax+f(x)$$

のような形のもので，ここに A は定数行列，$f(x)$ の各成分は $x_1, \cdots, x_n$ の少なくとも2次の項からはじまる定数係数のベキ級数とする．

今後の証明においてはつねに，この方程式に変換 $x=Py$ (P は正則な定数行列) を施して A を Jordan の標準形に直してから議論を進めるので，はじめの方程式 (3.64) がたとえ実数の範囲で考えられていても，A が複素固有値をもつ場合には変換された方程式には複素数があらわれる．そこでわれわれははじめから x の各成分や，$f(x)$ の成分であるベキ級数の係数等は一般に複素数であると考えておく．

話を簡単にするために，ここでは A の Jordan の標準形が対角行列である場合に話を限る．すなわちわれわれは (3.64) に対して次の条件を仮定する．

(1) A は対角化可能な定数行列である．

(2) $f(x)$ の成分はいずれも $x=0$ の近傍で収束する $x_1, \cdots, x_n$ の定数係数のベキ級数で，0次および1次の項を含まない．

われわれの目的は，この方程式の零解の近傍の解の，$t\to\infty$ において有効な展開式を求めることである．

補題3.8　方程式 (3.64)：

$$\frac{dx}{dt} = Ax+f(x)$$

は (1), (2) のほかに，次の条件を満たすものとする．

(3) A の固有値を $\lambda_1, \cdots, \lambda_n$ とし，$k_1, \cdots, k_n$ を

$$k_1+\cdots+k_n \geqq 2$$

であるような負でない整数とすれば

$$k_1\lambda_1+\cdots+k_n\lambda_n = \lambda_i, \qquad i = 1, \cdots, n$$

なる関係は決して成り立たない．

このとき形式的な変換

(3.65)
$$x = y+\varphi(y)$$

がただ一つ存在し，これによって (3.64) は形式的に

$$\frac{dy}{dt} = Ay$$

に変換される．ただし $\varphi(y)$ の各成分は $y_1, \cdots, y_n$ の形式的な（必ずしも収束するとは限らない）ベキ級数で，0次および1次の項を含まないものとする．

証明　正則な定数行列 P を適当にえらんで $P^{-1}AP=B$ が Jordan の標準形になるようにしておけば，変換 $x=Pz$ によって(3.64)は

$$\frac{dz}{dt} = Bz+g(z), \qquad g(z) = P^{-1}f(Pz)$$

にうつり，この方程式もやはり条件(1),(2),(3)を満足する．いまこの方程式に対して補題が証明されたとすれば，形式的なベキ級数による変換

$$z = u+\psi(u)$$

が存在して，u に関する方程式は

$$\frac{du}{dt} = Bu$$

にうつる．ここでさらに $u=P^{-1}y$ とおけば

$$\frac{dy}{dt} = PBP^{-1}y = Ay.$$

しかも x から y への変換は

$$\begin{aligned} x = Pz = P(u+\psi(u)) &= P(P^{-1}y+\psi(P^{-1}y)) \\ &= y+P\psi(P^{-1}y) \end{aligned}$$

であるから，確かに(3.65)の形をしている．したがってわれわれははじめから A が Jordan の標準形――この場合には仮定(1)により対角行列

$$A = \begin{bmatrix} \lambda_1 & & 0 \\ & \ddots & \\ 0 & & \lambda_n \end{bmatrix}$$

であるとして証明をすれば十分である．

$f(x)$ の成分を $f_1(x), \cdots, f_n(x)$，$\varphi(y)$ の成分を $\varphi_1(y), \cdots, \varphi_n(y)$ とすれば，

$$\frac{dx_i}{dt} = \lambda_i x_i+f_i(x), \tag{3.66}$$

$$x_i = y_i+\varphi_i(y) \tag{3.67}$$

で，われわれの目的は

(3.68)
$$\frac{dy_i}{dt}=\lambda_i y_i$$

が成り立つように $y_1, \cdots, y_n$ の少なくとも2次の項からはじまる形式的なべキ級数 $\varphi_i(y)$ をつくってみせることである.

(3.66), (3.67) から

$$\frac{dy_i}{dt}+\sum_{k=1}^{n}\frac{\partial\varphi_i(y)}{\partial y_k}\frac{dy_k}{dt}=\lambda_i(y_i+\varphi_i(y))+f_i(y+\varphi(y)).$$

これに (3.68) を代入すれば

(3.69)
$$\sum_{k=1}^{n}\lambda_k y_k\frac{\partial\varphi_i(y)}{\partial y_k}=\lambda_i\varphi_i(y)+f_i(y+\varphi(y)).$$

そこで

$$f_i(x)=\sum_{|k|=2}^{\infty}c^i{}_{k_1\cdots k_n}x_1{}^{k_1}\cdots x_n{}^{k_n},$$

$$\varphi_i(y)=\sum_{|k|=2}^{\infty}d^i{}_{k_1\cdots k_n}y_1{}^{k_1}\cdots y_n{}^{k_n}$$

とおく. ただし $|k|=k_1+\cdots+k_n$ である.

$$\sum_{k=1}^{n}\lambda_k y_k\frac{\partial\varphi_i(y)}{\partial y_k}=\sum_{|k|=2}^{\infty}(k_1\lambda_1+\cdots+k_n\lambda_n)d^i{}_{k_1\cdots k_n}y_1{}^{k_1}\cdots y_n{}^{k_n}$$

であり, また f_j, φ_j がそれぞれ2次以上の項からはじまるべキ級数であることに注意すれば (3.69) は

$$\sum_{|k|=2}^{\infty}(k_1\lambda_1+\cdots+k_n\lambda_n)d^i{}_{k_1\cdots k_n}y_1{}^{k_1}\cdots y_n{}^{k_n}$$
$$=\lambda_i\sum_{|k|=2}^{\infty}d^i{}_{k_1\cdots k_n}y_1{}^{k_1}\cdots y_n{}^{k_n}+\sum_{|k|=2}^{\infty}(c^i{}_{k_1\cdots k_n}+p^i{}_{k_1\cdots k_n})y_1{}^{k_1}\cdots y_n{}^{k_n}$$

と書かれる. ただし $p^i{}_{k_1\cdots k_n}$ は $c^i{}_{l_1\cdots l_n}, d^j{}_{l_1\cdots l_n}$ $(j=1, \cdots, n,\ |l|<|k|)$ の適当な積をいくつか加え合わせたものである. この両辺の等しいべキを比べると

(3.70)
$$(k_1\lambda_1+\cdots+(k_i-1)\lambda_i+\cdots+k_n\lambda_n)d^i{}_{k_1\cdots k_n}=c^i{}_{k_1\cdots k_n}+p^i{}_{k_1\cdots k_n}$$

が得られる. すべての $k_1, \cdots, k_n$ $(|k|\geqq 2)$ および $i=1, \cdots, n$ についてこの関係が満たされるように $d^i{}_{k_1\cdots k_n}$ が定められれば証明は終りである.

まず $|k|=2$ の所を比べれば,

$$f_i(y+\varphi(y))=\sum_{|k|=2}^{\infty}(c^i{}_{k_1\cdots k_n}+p^i{}_{k_1\cdots k_n})y_1{}^{k_1}\cdots y_n{}^{k_n}$$

の中から出てくる $y_1, \cdots, y_n$ に関する2次の項は($\varphi(y)$ が $y_1, \cdots, y_n$ について2次の項からはじまるベキ級数であるから)

$$\sum_{|k|=2}^{\infty} c^i{}_{k_1\cdots k_n} y_1{}^{k_1} \cdots y_n{}^{k_n}$$

だけである．ゆえに $|k|=2$ に対しては

$$(k_1\lambda_1+\cdots+(k_i-1)\lambda_i+\cdots+k_n\lambda_n)d^i{}_{k_1\cdots k_n} = c^i{}_{k_1\cdots k_n}.$$

仮定(3)により

$$k_1\lambda_1+\cdots+(k_i-1)\lambda_i+\cdots+k_n\lambda_n \neq 0$$

であるから，上式から $d^i{}_{k_1\cdots k_n}$ が求められ

$$d^i{}_{k_1\cdots k_n} = \frac{c^i{}_{k_1\cdots k_n}}{k_1\lambda_1+\cdots+(k_i-1)\lambda_i+\cdots+k_n\lambda_n}, \qquad |k| = 2,\ i = 1, \cdots, n$$

となる．

いま $|k|=2, \cdots, m-1$ までの $d^i{}_{k_1\cdots k_n} (i=1, \cdots, n)$ がすべて求められたとし，$|k|=m$ に対して関係(3.70)を考える．右辺の $p^i{}_{k_1\cdots k_n}$ の中に含まれる $d^j{}_{l_1\cdots l_n}$ についてはすべて $|l|<|k|=m$ が成り立つから，これらはすでに求められたものばかりである．$c^i{}_{l_1\cdots l_n}$ はもちろんはじめから与えられた数であるから，(3.70)の右辺は既知の数となる．しかも仮定(3)により

$$k_1\lambda_1+\cdots+(k_i-1)\lambda_i+\cdots+k_n\lambda_n \neq 0$$

であるから $d^i{}_{k_1\cdots k_n}$ が求められて

$$d^i{}_{k_1\cdots k_n} = \frac{c^i{}_{k_1\cdots k_n}+p^i{}_{k_1\cdots k_n}}{k_1\lambda_1+\cdots+(k_i-1)\lambda_i+\cdots+k_n\lambda_n}, \qquad |k| = m,\ i = 1, \cdots, n$$

を得る．これで(3.70)を満たす $d^i{}_{k_1\cdots k_n}$ がすべての $k_1, \cdots, k_n (|k| \geqq 2)$ および $i=1, \cdots, n$ について各々ただ一つずつ求められることがわかった．▌

このようにして求めた変換

$$x = y+\varphi(y)$$

の中にあらわれるベキ級数が収束してくれればつごうがよい．なぜならばこの変換によって方程式は

$$\frac{dy_i}{dt} = \lambda_i y_i$$

にうつり，これから $y_i=c_i e^{\lambda_i t}$ (c_i は任意定数)を得るから，これを変換の式に代入することにより x は($|c_i e^{\lambda_i t}|$ が適当に小さい範囲では) $c_1 e^{\lambda_1 t}, \cdots, c_n e^{\lambda_n t}$ のベキ

級数として表される．ところがそれは一般に望めないのである．

補題3.8の証明の鍵は $\lambda_1, \cdots, \lambda_n$ に関する条件(3)であった．ところがこの条件が同時にベキ級数 $\varphi(y)$ を発散させる原因になっている．実際

$$\varphi_i(y) = \sum_{|k|=2}^{\infty} d^i{}_{k_1\cdots k_n} y_1{}^{k_1} \cdots y_n{}^{k_n}$$

であるから，この級数が収束するためには $|d^i{}_{k_1\cdots k_n}|$ が，$|k|$ が大きくなるとき，あまり大きくならないことが必要である．一方 $d^i{}_{k_1\cdots k_n}$ は

$$k_1\lambda_1 + \cdots + (k_i - 1)\lambda_i + \cdots + k_n\lambda_n$$

を分母とする数であるが，条件(3)が成り立っているときにはこの値は $|k|$ の大きい所ではいくらでも0に近づく可能性があるのである．たとえば $n=2$ とすれば条件(3)は $\lambda_1 : \lambda_2$ が有理数ではないことを示している．ところでいま λ_1, λ_2 が反対の符号をもった実数で $\lambda_1 : \lambda_2$ が無理数であると，正の整数 p_1, p_2 を適当に大きくえらぶことにより $p_1\lambda_1 + p_2\lambda_2$ をいくらでも0に近づけられることは，Diophantus の定理としてよく知られている事実である．このように分母がいくらでも0に近づき得る可能性をもっているために $|d^i{}_{k_1\cdots k_n}|$ が $|k|$ が大きい所で非常に大きくなる可能性が生じ，級数の収束が保証されなくなってくる．

未定係数法で求めた級数の係数の分母にあらわれる数がいくらでも0に近づき得る可能性をもっているために，級数の収束が保証されないというこの種の現象は，微分方程式の解の展開式を求めるときにしばしば出会う困難な問題であって，**'小さい分母**(small denominator あるいは small divisor)**の問題'** とよばれている．

それゆえ，われわれが求めた形式的な変換

$$x = y + \varphi(y)$$

が実際に変換としての意味をもつためには，係数の分母

$$k_1\lambda_1 + \cdots + (k_i - 1)\lambda_i + \cdots + k_n\lambda_n$$

の絶対値があまり小さくなり得ないような条件を固有値 $\lambda_1, \cdots, \lambda_n$ に課しておかねばならない．

このための条件としてわれわれは次のようなものを考える．

(4) $\lambda_1, \cdots, \lambda_n$ はすべて，複素平面上で，原点を通るある一つの直線の一方の側にある．

この条件はまた次の条件と同等である．

(4)′ $\lambda_1, \cdots, \lambda_n$ の凸包は原点を含まない．ただし $\lambda_1, \cdots, \lambda_n$ の凸包とは，その頂点が $\lambda_1, \cdots, \lambda_n$ のうちのどれかである凸多辺形で，頂点以外の λ_i はすべてこの多辺形の辺上あるいは内部にあるようなものをいう．

この条件の下で $|k_1\lambda_1+\cdots+(k_i-1)\lambda_i+\cdots+k_n\lambda_n|$ があまり小さくないことを保証するのが次の補題である．

補題 3.9 $k_1, \cdots, k_n$ を同時には 0 ではない負でない整数で $|k|\geqq 2$ とする．条件(3)および(4)(あるいは(4)′)が成り立てば，正の数 ζ が存在して

$$\left|\frac{k_1\lambda_1+\cdots+(k_i-1)\lambda_i+\cdots+k_n\lambda_n}{|k|-1}\right|>\zeta$$

がつねに成り立つ．

証明 まず複素数

$$\frac{k_1\lambda_1+\cdots+k_n\lambda_n}{|k|}=\frac{k_1}{|k|}\lambda_1+\cdots+\frac{k_n}{|k|}\lambda_n$$

を考えると，$k_1/|k|, \cdots, k_n/|k|$ は負でなく，しかも

$$\frac{k_1}{|k|}+\cdots+\frac{k_n}{|k|}=1$$

であるから，上の複素数は複素平面上で $\lambda_1, \cdots, \lambda_n$ の凸包に属する．ところが(4)′により $\lambda_1, \cdots, \lambda_n$ の凸包は原点を含まない．したがって $\delta>0$ が存在して

$$\frac{k_1\lambda_1+\cdots+k_n\lambda_n}{|k|}>\delta \tag{3.71}$$

がつねに成り立つ．

さて

$$\frac{k_1\lambda_1+\cdots+k_n\lambda_n}{|k|}-\frac{k_1\lambda_1+\cdots+(k_i-1)\lambda_i+\cdots+k_n\lambda_n}{|k|-1}$$
$$=-\frac{1}{|k|-1}\frac{k_1\lambda_1+\cdots+k_n\lambda_n}{|k|}+\frac{\lambda_i}{|k|-1}.$$

ここに

$$\frac{k_1\lambda_1+\cdots+k_n\lambda_n}{|k|}$$

は $\lambda_1, \cdots, \lambda_n$ の凸包に属するから $|k|\to\infty$ のとき有界で，したがって上式の第1項

は $|k|\to\infty$ のとき0に近づく．第2項もやはり $|k|\to\infty$ のとき0に近づくから，N を十分大きい正の整数とすれば $|k|>N$ のとき

$$\left|\frac{k_1\lambda_1+\cdots+k_n\lambda_n}{|k|}-\frac{k_1\lambda_1+\cdots+(k_i-1)\lambda_i+\cdots+k_n\lambda_n}{|k|-1}\right|<\frac{\delta}{2}.$$

これと(3.71)とから，$|k|>N$ のとき

$$\left|\frac{k_1\lambda_1+\cdots+(k_i-1)\lambda_i+\cdots+k_n\lambda_n}{|k|-1}\right|>\frac{\delta}{2}>0.$$

一方条件(3)により $k_1\lambda_1+\cdots+(k_i-1)\lambda_i+\cdots+k_n\lambda_n$ は決して0にならないから $|k|\leqq N$ に対して

$$\left|\frac{k_1\lambda_1+\cdots+(k_i-1)\lambda_i+\cdots+k_n\lambda_n}{|k|-1}\right|>0.$$

そこで $2\leqq|k|\leqq N$ に対する上記の値の最小値を δ' とすれば $\delta'>0$ である．したがって

$$\zeta=\min\left(\frac{\delta}{2},\delta'\right)$$

とすればよい．▮

以上のことを用いて次の定理が証明される．

定理3.13　微分方程式(3.64)：

$$\frac{dx}{dt}=Ax+f(x)$$

は条件(1), (2), (3)および(4)(あるいは(4)′)を満たすものとする．このとき補題3.8で求めた形式的なベキ級数 $\varphi_i(y)$ は $y=0$ の近傍で収束し，したがって変換(3.65)：

$$x=y+\varphi(y)$$

は $y=0$ の近傍で1価正則な変換となる．——

この証明は，いわゆる優級数の方法を用いてなされる．そこで念のために，優級数に関する初等的な事実についてまず説明を加えておく．

二つのベキ級数

$$\sum_{|k|=0}^{\infty}a_{k_1\cdots k_n}x_1^{k_1}\cdots x_n^{k_n},\qquad \sum_{|k|=0}^{\infty}A_{k_1\cdots k_n}x_1^{k_1}\cdots x_n^{k_n}$$

があって，すべての $k_1,\cdots,k_n$ について

$$A_{k_1\cdots k_n} \geqq |a_{k_1\cdots k_n}| \geqq 0$$

が成り立つとき，後者を前者の**優級数**という．領域

$$|x_1| < r_1, \quad \cdots, \quad |x_n| < r_n$$

で後者が収束すれば，前者も同じ領域で収束することはもちろんである．そこである級数の収束を証明するのに，あらかじめ同じ領域で正則であることがわかっているうまい関数をみつけて，その関数の Taylor 級数が，問題の級数の優級数になっていることを示す方法がある．この方法がいわゆる優級数の方法である．

補題 3.10　$F(x_1, \cdots, x_n)$は領域

$$|x_1| \leqq r, \quad \cdots, \quad |x_n| \leqq r$$

において正則で，その領域内で $|F(x_1, \cdots, x_n)| \leqq M$ であるとする．このとき $x_1 = \cdots = x_n = 0$ の近傍で正則な関数

$$\frac{M}{1-(x_1+\cdots+x_n)/r}$$

の Taylor 展開は $F(x_1, \cdots, x_n)$ の Taylor 展開の優級数である．

証明　$F(x_1, \cdots, x_n)$ の Taylor 展開を

$$F(x_1, \cdots, x_n) = \sum_{|k|=0}^{\infty} a_{k_1\cdots k_n} x_1^{k_1} \cdots x_n^{k_n}$$

とする．これはもちろん $x_1, \cdots, x_n$ を複素数と考えた場合でも $|x_1| \leqq r, \cdots, |x_n| \leqq r$ で収束するから，複素数の極表示を使って

$$x_1 = re^{i\theta_1}, \quad \cdots, \quad x_n = re^{i\theta_n}$$

とおいた級数

$$\sum_{|k|=0}^{\infty} a_{k_1\cdots k_n} r^{|k|} e^{i(k_1\theta_1+\cdots+k_n\theta_n)}$$

は $0 \leqq \theta_1 \leqq 2\pi, \cdots, 0 \leqq \theta_n \leqq 2\pi$ において収束する．そこで Fourier 係数の計算公式により

$$a_{k_1\cdots k_n} r^{|k|} = \frac{1}{(2\pi)^n} \int_0^{2\pi} \cdots \int_0^{2\pi} F(re^{i\theta_1}, \cdots, re^{i\theta_n}) e^{-i(k_1\theta_1+\cdots+k_n\theta_n)} d\theta_1 \cdots d\theta_n.$$

ところが

$$|e^{-i(k_1\theta_1+\cdots+k_n\theta_n)}| = 1, \qquad |F(re^{i\theta_1}, \cdots, re^{i\theta_n})| \leqq M$$

であるから

$$|a_{k_1\cdots k_n}| r^{|k|} \leqq M,$$

すなわち

$$|a_{k_1\cdots k_n}| \leqq \frac{M}{r^{|k|}} = \frac{M}{r^{k_1+\cdots+k_n}}.$$

したがって級数

$$\sum_{|k|=0}^{\infty} \frac{M}{r^{k_1}\cdots r^{k_n}} x_1{}^{k_1}\cdots x_n{}^{k_n} = \sum_{|k|=0}^{\infty} M\left(\frac{x_1}{r}\right)^{k_1}\cdots\left(\frac{x_n}{r}\right)^{k_n} \tag{3.72}$$

は $F(x_1, \cdots, x_n)$ の Taylor 展開の優級数である．

多項定理により

$$\left(\frac{x_1+\cdots+x_n}{r}\right)^m = \sum_{|m|=m} \frac{m!}{m_1!\cdots m_n!}\left(\frac{x_1}{r}\right)^{m_1}\cdots\left(\frac{x_n}{r}\right)^{m_n}$$

で，

$$\frac{m!}{m_1!\cdots m_n!} \geqq 1$$

であるから，(3.72) において，各々の番号 m につき

$$\sum_{|k|=m} M\left(\frac{x_1}{r}\right)^{k_1}\cdots\left(\frac{x_n}{r}\right)^{k_n}$$

を

$$M\left(\frac{x_1+\cdots+x_n}{r}\right)^m$$

の展開式でおきかえたものはもちろん $F(x_1, \cdots, x_n)$ の Taylor 展開の優級数になっている．ところが

$$\sum_{m=0}^{\infty} M\left(\frac{x_1+\cdots+x_n}{r}\right)^m$$

は

$$\frac{M}{1-(x_1+\cdots+x_n)/r}$$

の Taylor 展開である．∎

定理 3.13 の証明　$f_1(x), \cdots, f_n(x)$ はすべて領域

$$|x_1| \leqq r, \quad \cdots, \quad |x_n| \leqq r$$

において正則で，その範囲で

$$|f_1(x)| \leqq M, \quad \cdots, \quad |f_n(x)| \leqq M$$

であるとする．また $\zeta>0$ は補題 3.9 の結論にあらわれた数とする．したがって

すべての $k_1 \geqq 0, \cdots, k_n \geqq 0$, $|k| \geqq 2$ に対し

$$\left|\frac{k_1\lambda_1+\cdots+(k_i-1)\lambda_i+\cdots+k_n\lambda_n}{|k|-1}\right| > \zeta > 0.$$

そして次のような微分方程式を考える.

(3.73)

$$\frac{dx_i}{dt} = \zeta x_i + \frac{M}{1-(x_1+\cdots+x_n)/r} - M - \frac{M(x_1+\cdots+x_n)}{r}, \qquad i = 1, \cdots, n.$$

この式の右辺の Taylor 展開を考えてみよう.

$$\frac{M}{1-(x_1+\cdots+x_n)/r} = M + \frac{M(x_1+\cdots+x_n)}{r} + \frac{M(x_1+\cdots+x_n)^2}{r^2} + \cdots$$

であるから

$$\frac{M}{1-(x_1+\cdots+x_n)/r} = \sum_{|k|=0}^{\infty} A_{k_1\cdots k_n} x_1^{k_1} \cdots x_n^{k_n}$$

とおけば, (3.73) の右辺は

$$\zeta x_i + \sum_{|k|=2}^{\infty} A_{k_1\cdots k_n} x_1^{k_1} \cdots x_n^{k_n}.$$

そして補題3.10により,

(3.74) $$|c^i_{k_1\cdots k_n}| \leqq A_{k_1\cdots k_n}$$

である.

(3.73) は補題3.8の条件 (1), (2), (3) をすべて満足していることは明らかであるから, 形式的なベキ級数による変換

$$x = y + \psi(y)$$

がただ一つ存在して, それによって (3.73) は形式的に

$$\frac{dy_i}{dt} = \zeta y_i, \qquad i = 1, \cdots, n$$

に変換される. $\psi(y)$ の各成分 $\psi_i(y)$ を表す形式的ベキ級数を

$$\psi_i(y) = \sum_{|k|=2}^{\infty} B^i_{k_1\cdots k_n} y_1^{k_1} \cdots y_n^{k_n}$$

とすれば $B^i_{k_1\cdots k_n}$ は補題3.8と全く同じ手続で定められる. ただ $\lambda_1, \cdots, \lambda_n$ をすべて ζ で, $c^i_{k_1\cdots k_n}$ をすべて $A_{k_1\cdots k_n}$ で, $p^i_{k_1\cdots k_n}$ を $q^i_{k_1\cdots k_n}$ でおきかえればよい. ただし $q^i_{k_1\cdots k_n}$ は $p^i_{k_1\cdots k_n}$ の中にあらわれる $c^i_{l_1\cdots l_n}, d^j_{l_1\cdots l_n}$ ($j=1, \cdots, n$, $|l|<|k|$) を

それぞれ $A_{l_1\cdots l_n}, B^j{}_{l_1\cdots l_n}$ でおきかえたものを表す．したがって $k_1\lambda_1+\cdots+(k_i-1)\lambda_i+\cdots+k_n\lambda_n$ にあたる量が $k_1\zeta_1+\cdots+(k_i-1)\zeta+\cdots+k_n\zeta=(|k|-1)\zeta$ であることに注意すれば，$|k|=2$ のときは

$$B^i{}_{k_1\cdots k_n}=\frac{A_{k_1\cdots k_n}}{(|k|-1)\zeta},$$

$|k|>2$ のときは

$$B^i{}_{k_1\cdots k_n}=\frac{A_{k_1\cdots k_n}+q^i{}_{k_1\cdots k_n}}{(|k|-1)\zeta} \tag{3.75}$$

となる．

補題3.8により

$$|k_1\lambda_1+\cdots+(k_i-1)\lambda_i+\cdots+k_n\lambda_n|>(|k|-1)\zeta,\qquad |k|\geqq 2 \tag{3.76}$$

であるから，これと(3.74)とから，$|k|=2$ のときは

$$B^i{}_{k_1\cdots k_n}\geqq\left|\frac{c^i{}_{k_1\cdots k_n}}{k_1\lambda_1+\cdots+(k_i-1)\lambda_i+\cdots+k_n\lambda_n}\right|=|d^i{}_{k_1\cdots k_n}|,\qquad i=1,\cdots,n.$$

いま不等式

$$B^i{}_{k_1\cdots k_n}\geqq|d^i{}_{k_1\cdots k_n}| \tag{3.77}$$

が $|k|=2,\cdots,m-1, i=1,\cdots,n$ に対して成り立ったものとしよう．このとき $|k|=m$ に対する $B^i{}_{k_1\cdots k_n}$ は(3.75)から決まるわけであるが，(3.74)と(3.76)が成り立つことがすでにわかっているから，$|k|=m$ に対して(3.77)を証明するには

$$q^i{}_{k_1\cdots k_n}\geqq|p^i{}_{k_1\cdots k_n}|$$

を示せばよい．ところが $p^i{}_{k_1\cdots k_n}$ は $c^i{}_{l_1\cdots l_n}, d^j{}_{l_1\cdots l_n}(j=1,\cdots,n,\ |l|<|k|=m)$ を適当にかけ合わせて加えたものであり，$q^i{}_{k_1\cdots k_n}$ は同じ式で $c^i{}_{l_1\cdots l_n}, d^j{}_{l_1\cdots l_n}$ をそれぞれ $A_{l_1\cdots l_n}, B^j{}_{l_1\cdots l_n}$ でおきかえたものである．しかるに(3.74)により

$$A^i{}_{l_1\cdots l_n}\geqq|c^i{}_{l_1\cdots l_n}|$$

であり，また $|l|<m$ に対しては(3.77)が成り立っているから $q^i{}_{k_1\cdots k_n}\geqq|p^i{}_{k_1\cdots k_n}|$．ゆえに $|k|=m$ に対しても(3.77)が成り立つ．

以上のことから $\psi_i(y)=\sum_{|k|=2}^{\infty}B^i{}_{k_1\cdots k_n}y_1{}^{k_1}\cdots y_n{}^{k_n}$ は，$\varphi_i(y)=\sum_{|k|=2}^{\infty}d^i{}_{k_1\cdots k_n}y_1{}^{k_1}\cdots y_n{}^{k_n}$ の優級数であることがわかった．それゆえベキ級数 $\psi_i(y)$ が収束することを示しさえすれば，定理の証明は終ることになる．

いま，$y=0$ の近傍で正則な変換

(3.78) $$x_i = y_i + \Psi_i(y), \quad i = 1, \cdots, n$$

が存在して，この変換により(3.73)が

(3.79) $$\frac{dy_i}{dt} = \zeta y_i, \quad i = 1, \cdots, n$$

に変換されたとする．ただし $\Psi(y)$ の Taylor 展開は，$y_1, \cdots, y_n$ に関し少なくとも2次の項からはじまるものとする．そのとき $\Psi_i(y)$ の展開係数は，上で $\psi_i(y)$ の係数 $B^i{}_{k_1\cdots k_n}$ を求めたのと全く同じ方法で計算される．ところがこのような計算によって $B^i{}_{k_1\cdots k_n}$ はただ一通りに決まってしまうから，$\Psi_i(y)$ の展開係数はすべて $B^i{}_{k_1\cdots k_n}$ と一致して，

$$\Psi_i(y) = \sum_{|k|=2}^{\infty} B^i{}_{k_1\cdots k_n} y_1{}^{k_1} \cdots y_n{}^{k_n}$$

となってしまう．$\Psi_i(y)$ は仮定により $y=0$ の近傍で正則なのであるからベキ級数

$$\sum_{|k|=2}^{\infty} B^i{}_{k_1\cdots k_n} y_1{}^{k_1} \cdots y_n{}^{k_n}$$

は収束し，証明は終る．

ところがもし $x=0$ の近傍で正則な関数

(3.80) $$u_i(x) = x_i + \Phi_i(x), \quad i = 1, \cdots, n$$

で，$\Phi_i(x)$ の Taylor 展開は2次以上の項からはじまり，しかも

(3.81) $$\begin{aligned} \frac{du_i}{dt} &= \sum_{k=1}^{n} \frac{\partial u_i}{\partial x_k} \frac{dx_k}{dt} \\ &= \sum_{k=1}^{n} \frac{\partial u_i}{\partial x_k} \left(\zeta x_k + \frac{M}{1-(x_1+\cdots+x_n)/r} - M - \frac{M(x_1+\cdots+x_n)}{r} \right) \\ &= \zeta u_i, \quad i = 1, \cdots, n \end{aligned}$$

が成り立つようなものが存在するならば，

$$y_i = u_i(x), \quad i = 1, \cdots, n$$

とおいて，これを $x_1, \cdots, x_n$ について解いたものは，確かに(3.78)の形をした正則な変換を定義し，変換された変数 $y_1, \cdots, y_n$ については(3.79):

$$\frac{dy_i}{dt} = \zeta y_i, \quad i = 1, \cdots, n$$

が成り立つ．

そこで証明の最後の段階は(3.80)のような形をした正則な関数$u_i(x)$で(3.81)を満たすようなものの存在を示すことである．

$x_1+\cdots+x_n=X$とおく．われわれは$X=0$において正則な関数$v(X)$で，そのTaylor展開がXの2次以上の項からはじまるようなものを適当にえらべば，

$$\Phi_i(x)=v(X), \qquad \imath=1,\cdots,n$$

とおくことによって上記の目的が達成されることを示そう．

このような$v(X)$があるとすれば

$$u_i(x)=x_i+v(X)$$

であるから

$$\frac{\partial u_i}{\partial x_k}=\delta_{ik}+\frac{dv}{dX}\frac{\partial X}{\partial x_k}=\delta_{ik}+\frac{dv}{dX}.$$

この関係を(3.81)に代入すれば

$$\sum_{k=1}^{n}\left(\delta_{ik}+\frac{dv}{dX}\right)\left(\zeta x_k+\frac{M}{1-X/r}-M-\frac{MX}{r}\right)=\zeta x_i+\zeta v,$$

すなわち

$$\zeta x_i+\frac{M}{1-X/r}-M-\frac{MX}{r}+\left(\zeta X+\frac{nM}{1-X/r}-nM-\frac{nMX}{r}\right)\frac{dv}{dX}=\zeta x_i+\zeta v.$$

これを整理すれば

$$(3.82)\qquad \frac{dv}{dX}=\frac{\zeta v}{\zeta X+\dfrac{nM}{1-X/r}-nM-\dfrac{nMX}{r}}-\frac{\dfrac{M}{1-X/r}-M-\dfrac{MX}{r}}{\zeta X+\dfrac{nM}{1-X/r}-nM-\dfrac{nMX}{r}}.$$

$X=0$の近傍でTaylor展開すれば

$$\zeta X+\frac{nM}{1-X/r}-nM-\frac{nMX}{r}=\zeta X+\frac{nM}{r^2}X^2+\cdots,$$

$$\frac{M}{1-X/r}-M-\frac{MX}{r}=\frac{M}{r^2}X^2+\cdots$$

であるから

$$\frac{dv}{dX}=\frac{1}{X}\left(1-\frac{nM}{\zeta r^2}X+\cdots\right)v-\left(\frac{MX}{\zeta r^2}+\cdots\right).$$

ここに…で表したのはXにつき2次以上のベキ級数である．これはvに関する1階の線型方程式であるから容易に解くことができて

$$w(x) = \exp\left(\int \frac{1}{X}\left(1-\frac{nM}{\zeta r^2}X+\cdots\right)dX\right)$$
$$= X\exp\left(-\frac{nM}{\zeta r^2}X+\cdots\right)$$
$$= X\left(1-\frac{nM}{\zeta r^2}X+\cdots\right)$$

とおけば,

$$v(X) = -w(X)\int \frac{1}{w(X)}\left(\frac{MX}{\zeta r^2}+\cdots\right)dX$$
$$= -X\left(1-\frac{nM}{\zeta r^2}X+\cdots\right)\int\left(\frac{M}{\zeta r^2}+\cdots\right)dX$$
$$= -\frac{M}{\zeta r^2}X^2+\cdots$$

がこの方程式の解となる．すなわち $X=0$ の近傍で正則で，その Taylor 展開が X の 2 次の項からはじまる (3.82) の解 $v(X)$ が存在することが証明された．∎

以上の結果をまとめると，われわれの目的である展開定理が得られる．

微分方程式 (3.64) が条件 (1), (2), (3), (4) を満たしていれば，定理 3.13 により，$y=0$ の近傍で正則な変換

$$x = y+\varphi(y),$$

あるいは成分に分けて書けば

$$x_i = y_i+\sum_{|k|=2}^{\infty} d^i{}_{k_1\cdots k_n}y_1{}^{k_1}\cdots y_n{}^{k_n}, \qquad i=1,\cdots,n \tag{3.83}$$

が存在して，この変換により微分方程式は

$$\frac{dy_i}{dt} = \lambda_i y_i, \qquad i=1,\cdots,n$$

にうつる．この方程式は直ちに解けて,

$$y_i = c_i e^{\lambda_i t}, \qquad i=1,\cdots,n$$

を解にもつ．これを (3.83) に代入することにより,

$$x_i = c_i e^{\lambda_i t}+\sum_{|k|=2}^{\infty} d^i{}_{k_1\cdots k_n}(c_1 e^{\lambda_1 t})^{k_1}\cdots(c_n e^{\lambda_n t})^{k_n}, \qquad i=1,\cdots,n \tag{3.84}$$

となり，x_i は $e^{\lambda_1 t},\cdots,e^{\lambda_n t}$ のベキ級数に展開される．ただし，(3.83) のベキ級数は $y=0$ の近傍，すなわち $r_1,\cdots,r_n$ を適当にえらんだ正の数とすれば

$$|y_1| < r_1, \quad \cdots, \quad |y_n| < r_n$$

において収束することしかわからないから，(3.84)も

$$|c_1 e^{\lambda_1 t}| < r_1, \quad \cdots, \quad |c_n e^{\lambda_n t}| < r_n$$

であるような t の範囲においてのみ使える展開式である．したがってもし $\mathrm{Re}\,\lambda_1, \cdots, \mathrm{Re}\,\lambda_n$ の中に正のものがあると(3.84)は $t\to\infty$ における解の漸近的行動をしらべるための展開式としては使うことができない．

いま

$$\mathrm{Re}\,\lambda_k < 0 \quad (k=1, \cdots, m), \qquad \mathrm{Re}\,\lambda_k > 0 \quad (k=m+1, \cdots, n)$$

であるとしよう．この場合，$t\to\infty$ のとき(3.84)が収束しなくなるのは，級数中にあらわれる

$$c_{m+1} e^{\lambda_{m+1} t}, \cdots, c_n e^{\lambda_n t}$$

のベキのためである．そこで(3.84)において

$$c_{m+1} = \cdots = c_n = 0$$

とおくならば，これは $c_1 e^{\lambda_1 t}, \cdots, c_m e^{\lambda_m t}$ のみのベキ級数となり，

$$\lim_{t\to\infty} c_k e^{\lambda_k t} = 0, \qquad k = 1, \cdots, m$$

であるから(3.84)は t がある値 T より大きい所で有効な展開式を与える．

なお $\mathrm{Re}\,\lambda_k=0$ であるような λ_k が存在する場合には，$|c_k e^{\lambda_k t}|=|c_k|$ であるから，$|c_k|$ の絶対値を十分小さくとれば $c_k e^{\lambda_k t}$ のベキも展開式の中に残しておいてさしつかえない(ただしこれは A が対角化できる場合でないといけない)．しかし(われわれの元来の問題がそうであったように) A が，Jordan の標準形に直す以前は要素がすべて実数であったとすれば，実部が0である固有値の存在は条件(3)と矛盾する．なぜならばこの場合，λ が複素固有値ならば $\bar{\lambda}$ も固有値になるから，実部が0である固有値 $i\mu$ (μ は実数)があれば $-i\mu$ も固有値になり条件(4)が成り立たなくなってしまう．したがって A が元来実数行列である場合には，A の固有値の中に実部が0のものがあれば，それに対してわれわれの定理は適用できないことになる．

以上をまとめて次の定理を得る．

定理 3.14　微分方程式(3.64)：

$$\frac{dx}{dt} = Ax + f(x)$$

が条件(1), (2), (3), (4)を満たすとする．A の固有値を $\lambda_1, \cdots, \lambda_n$ とするとき

$$\mathrm{Re}\,\lambda_k < 0 \quad (k=1, \cdots, m), \qquad \mathrm{Re}\,\lambda_k > 0 \quad (k=m+1, \cdots, n)$$

ならば(3.64)は m 個の任意定数 $c_1, \cdots, c_m$ を含む解

$$x_i = \psi_i(c_1 e^{\lambda_1 t}, \cdots, c_m e^{\lambda_m t}), \qquad i = 1, \cdots, m$$

をもつ．ただし $\psi_i(z_1, \cdots, z_m)$ は $z_1=\cdots=z_m=0$ の近傍で収束する $z_1, \cdots, z_m$ の定数項を含まないベキ級数であり，したがって上記の解の展開式は t の十分大きい所で有効である．——

この定理に述べられている解

$$x_i = \psi_i(c_1 e^{\lambda_1 t}, \cdots, c_m e^{\lambda_m t}), \qquad i = 1, \cdots, n$$

を $x=\psi(c_1 e^{\lambda_1 t}, \cdots, c_m e^{\lambda_m t})$ と書くならばもちろん

$$\lim_{t\to\infty} \psi(c_1 e^{\lambda_1 t}, \cdots, c_m e^{\lambda_m t}) = 0$$

であり，また $|c_1|, \cdots, |c_m|$ を十分小さくえらぶならば任意の $\eta>0$ に対し

$$\|\psi(c_1 e^{\lambda_1 t}, \cdots, c_m e^{\lambda_m t})\| < \eta, \qquad t \geqq 0$$

であるから，§3.6の議論と比べることにより，これが安定多様体 S の上に初期値をもつ解であることがわかる．

特に，固有値の実部がすべて負ならば $n=m$ であるから，この場合には安定多様体 S は原点の近傍を含む．したがって次の定理を得る．

定理 3.15 微分方程式(3.64)が条件(1), (2), (3), (4)を満たし，A の固有値 $\lambda_1, \cdots, \lambda_m$ の実部がすべて負であるならば，$\|x(0)\|$ が十分小さい解 $x=x(t)$ は，$c_1 e^{\lambda_1 t}, \cdots, c_n e^{\lambda_n t}$ の，定数項を含まない収束ベキ級数に展開される．ただし $c_1, \cdots, c_n$ は初期値 $x(0)$ から定まる定数であり，この展開式は $t\geqq 0$ において有効である．——

Ljapunov は，微分方程式の右辺が t を含む場合にも成り立つような，より一般な展開定理を証明しているが，その証明はかなり複雑になるので，ここではそれにはふれないことにする．

§3.8 純虚数の固有値

A を定数行列として，微分方程式

(3.85) $$\frac{dx}{dt} = Ax+f(x),$$

あるいはもっと一般に

(3.86) $$\frac{dx}{dt} = Ax+f(x,t)$$

を考えるとき，いままで述べて来た結果からみると，解の漸近的行動には A の固有値の実部の符号が大きい影響をもっていることがわかる．そして A の固有値の実部がどれも 0 でないときは，これらの方程式の解の漸近的行動は，何等かの意味で，線型方程式

(3.87) $$\frac{dx}{dt} = Ax$$

の解の漸近的行動と比較して論ずることができた．

ところが A の固有値の中に，純虚数の固有値があらわれると，(3.85) あるいは (3.86) の解と，(3.87) の解との間の関係がはっきりしなくなってくる．すなわち (3.85), (3.86) の解の漸近的行動には非線型項 $f(x)$，あるいは $f(x,t)$ の影響が決定的になってくる．このために A が純虚数の固有値をもつ場合の研究は格段に難しい．

この問題の研究は Poincaré にはじまり，Ljapunov, Siegel, Arnold, Moser 等によるいろいろな結果が得られているが，もはや予定のページ数もあまり残っていないので，ここではもっとも古典的な Poincaré の結果を紹介するにとどめる．

とりあつかう方程式は (3.85) であるが，この場合は $n=2$ であり，A は実数を要素とする行列，$f(x)$ は x の実係数の収束ベキ級数で，0 次および 1 次の項を含まないとする．このような方程式の零解の近傍の解について次の定理が成り立つことが Poincaré によって証明された．

定理 3.16 A の固有値が純虚数ならば，原点の十分近くに初期値をもつ解について，次の三つの場合のどれかが成り立つ．

(1) 解はすべて $t\to\infty$ で 0 に限りなく近づく．

(2) 解はすべて $t\to-\infty$ で 0 に限りなく近づく．

(3) 解はすべて周期的である．——

A が実数を要素とする2次元の行列であるから，この場合にはその固有値は $\pm i\nu$ (ν は実数) となる．したがって，非線型項 $f(x)$ を除いた方程式

$$\frac{dx}{dt} = Ax$$

の解は，定数係数の線型方程式の一般論から直ちにわかるように，すべて周期的である．すなわち $f=0$ のときは(3)がつねに成り立つ．ところがこれから述べる証明をみればわかるように，$f\neq 0$ のときは(3)はむしろ例外であって，(1)または(2)の成り立つ場合がふつうであるといってよい．したがってこの場合には，非線型項を切り捨てた方程式は，もとの方程式の近似方程式としての意味をもはやもち得ないのである．

定理 3.16 の証明 A の固有値を $\pm i\nu$ とすれば，正則な実数行列 P を適当にえらんで $x=Py$ なる変換を行うことにより，A を

$$\begin{bmatrix} 0 & -\nu \\ \nu & 0 \end{bmatrix}$$

の形にうつすことができる．したがって微分方程式は

$$\frac{dx_1}{dt} = -\nu x_2 + \cdots, \qquad \frac{dx_2}{dt} = \nu x_1 + \cdots$$

の形をもつものと考えてよい．ここでさらに $\nu t = \tau$ とおけば

$$\frac{dx_1}{d\tau} = -x_2 + \cdots, \qquad \frac{dx_2}{d\tau} = x_1 + \cdots.$$

そこでわれわれは，はじめから，方程式が

$$\frac{dx_1}{dt} = -x_2 + f_1(x), \qquad \frac{dx_2}{dt} = x_1 + f_2(x)$$

の形をしているとして，これについて証明を行う．$f_1(x), f_2(x)$ はいずれも x_1, x_2 の2次以上の項からはじまるベキ級数である．これらのベキ級数のうちで，次数が k である部分だけをまとめたものを，それぞれ $f_1^{(k)}(x), f_2^{(k)}(x)$ とおくならば，

$$\frac{dx_1}{dt} = -x_2 + f_1^{(2)}(x_1, x_2) + f_1^{(3)}(x_1, x_2) + \cdots,$$

$$\frac{dx_2}{dt} = x_1 + f_2^{(2)}(x_1, x_2) + f_2^{(3)}(x_1, x_2) + \cdots.$$

ここで

$$x_1 = r\cos\theta, \qquad x_2 = r\sin\theta$$

とおいて x_1, x_2 を極座標 r, θ に変換すれば，微分方程式は次のようになる．

$$\begin{aligned}
\frac{dr}{dt} &= (-x_2+f_1{}^{(2)}+f_1{}^{(3)}+\cdots)\cos\theta+(x_1+f_2{}^{(2)}+f_2{}^{(3)}+\cdots)\sin\theta \\
&= (f_1{}^{(2)}\cos\theta+f_2{}^{(2)}\sin\theta)+(f_1{}^{(3)}\cos\theta+f_2{}^{(3)}\sin\theta)+\cdots, \\
\frac{d\theta}{dt} &= \frac{1}{r}((x_1+f_2{}^{(2)}+f_2{}^{(3)}+\cdots)\cos\theta-(-x_2+f_1{}^{(2)}+f_1{}^{(3)}+\cdots)\sin\theta) \\
&= 1+\frac{1}{r}((f_2{}^{(2)}\cos\theta-f_1{}^{(2)}\sin\theta)+(f_2{}^{(3)}\cos\theta-f_1{}^{(3)}\sin\theta)+\cdots).
\end{aligned}$$

$f_1{}^{(k)}(x_1, x_2), f_2{}^{(k)}(x_1, x_2)$ は x_1, x_2 に関する k 次の同次式であるから

$$\begin{aligned}
f_1{}^{(k)}(r\cos\theta, r\sin\theta) &= r^k f_1{}^{(k)}(\cos\theta, \sin\theta), \\
f_2{}^{(k)}(r\cos\theta, r\sin\theta) &= r^k f_2{}^{(k)}(\cos\theta, \sin\theta).
\end{aligned}$$

ゆえに

$$\begin{aligned}
f_1{}^{(k)}(r\cos\theta, r\sin\theta)\cos\theta+f_2{}^{(k)}(r\cos\theta, r\sin\theta)\sin\theta &= r^k R_k(\theta), \\
f_2{}^{(k)}(r\cos\theta, r\sin\theta)\cos\theta-f_1{}^{(k)}(r\cos\theta, r\sin\theta)\sin\theta &= r^k \Theta_k(\theta)
\end{aligned}$$

と書くことができる．そして $R_k(\theta), \Theta_k(\theta)$ はいずれも $\cos\theta, \sin\theta$ に関する高々 $k+1$ 次の多項式である．

これから，r, θ に関する微分方程式は

$$\begin{aligned}
\frac{dr}{dt} &= r^2R_2(\theta)+r^3R_3(\theta)+\cdots, \\
\frac{d\theta}{dt} &= 1+r\Theta_2(\theta)+r^2\Theta_3(\theta)+\cdots
\end{aligned}$$

と書かれる．右辺の級数は r が十分小さければ，すべての θ に対して収束する．

θ に関する微分方程式からわかるように，r が0に十分近い所では $d\theta/dt$ はつねに正である．したがって正の定数 ρ を適当に小さくえらべば $r<\rho$ に対して $d\theta/dt>1/2$ となるようにすることができる．それゆえ解が $r<\rho$ の範囲をうごいている限りは t のかわりに θ を独立変数にとってもさしつかえない．

そこで微分方程式を

$$\frac{dr}{d\theta} = \frac{r^2R_2(\theta)+r^3R_3(\theta)+\cdots}{1+r\Theta_2(\theta)+r^2\Theta_3(\theta)+\cdots}$$

と書き直し，さらに r の小さい所で右辺を r のベキ級数に展開すれば

(3.88)
$$\frac{dr}{d\theta}=r^2F_2(\theta)+r^3F_3(\theta)+\cdots$$

となる．$F_k(\theta)$はすべて$\cos\theta$と$\sin\theta$の多項式で，したがって周期2πの周期関数である．

$\theta=0$で$r=r_0$となるこの方程式の解を$r=r(\theta, r_0)$とする．$T>0$を任意にえらんだときr_0を十分小さくとればθが$-T$からTまで動くとき$r(\theta, r_0)<\rho$であるようにすることができる．そこでTをあらかじめ十分大きくえらんで，それに応じてr_0を十分小さくとっておくことにする．

(3.88)の右辺はrが十分小さければθの任意の値に対しrについて正則であるから，微分方程式論の基本定理(定理1.7)により，$r(\theta, r_0)$はr_0に関して正則である．したがってそれは

$$r(\theta, r_0)=u_0(\theta)+r_0u_1(\theta)+r_0^2u_2(\theta)+\cdots$$

のようにr_0のベキ級数に展開される．$r_0=0$ならばそれは零解であるから，$r=0$. これから$u_0(\theta)=0$となる．それ以外の$u_k(\theta)$を求めるには，この展開式を(3.88)に代入してr_0のベキで整理し，その関係がr_0についての恒等式であることに注意して両辺の係数比較をやればよい．すなわち

$$r_0u_1'+r_0^2u_2'+\cdots=(r_0u_1+r_0^2u_2+\cdots)^2F_2(\theta)+(r_0u_1+r_0^2u_2+\cdots)^3F_3(\theta)+\cdots$$

において両辺のr_0の等しいベキを比べて

(3.89)
$$\begin{aligned}u_1'&=0,\\ u_2'&=u_1^2F_2(\theta),\\ u_3'&=2u_1u_2F_2(\theta)+u_1^3F_3(\theta),\\ &\cdots\cdots\cdots\cdots\end{aligned}$$

を得る．これは$u_1, u_2, \cdots$についての微分方程式であるがこれを一般に

$$u_k'=v_k(\theta, u_1, u_2, \cdots)$$

と書いてみると，v_kの中にふくまれているのはθの他には$u_1, \cdots, u_{k-1}$であるから，(3.89)は上から順次に解いていくことができる．なお初期条件を決めるために

$$r(\theta, r_0)=r_0u_1(\theta)+r_0^2u_2(\theta)+\cdots$$

において$\theta=0$とおいてみると

$$r_0=r_0u_1(0)+r_0^2u_2(0)+\cdots$$

となり，これが r_0 について恒等的に成り立つから

$$u_1(0)=1, \qquad u_2(0)=u_3(0)=\cdots=0.$$

したがって

$$u_1=1,$$

$$u_2=\int_0^\theta u_1^2F_2(\theta)d\theta=\int_0^\theta F_2(\theta)d\theta,$$

$$u_3=\int_0^\theta (2u_1u_2F_2(\theta)+u_1^3F_3(\theta))d\theta=\int_0^\theta (2u_2F_2(\theta)+F_3(\theta))d\theta,$$

$$\cdots\cdots\cdots\cdots\cdots$$

$$u_k=\int_0^\theta v_k(\theta,u_1,\cdots,u_{k-1})d\theta,$$

$$\cdots\cdots\cdots\cdots\cdots.$$

これを用いて $r(\theta,r_0)$ は

$$r(\theta,r_0)=r_0+r_0^2u_2(\theta)+r_0^3u_3(\theta)+\cdots \tag{3.90}$$

と表される．これから

$$r(\theta+2\pi,r_0)-r_0(\theta,r_0)=r_0^2(u_2(\theta+2\pi)-u_2(\theta))+r_0^3(u_3(\theta+2\pi)-u_3(\theta))+\cdots.$$

ここで一般に

$$u_k(\theta+2\pi)-u_k(\theta)=\alpha_k$$

とおいて α_k をすこしくわしくしらべてみよう．

$$\alpha_2=u_2(\theta+2\pi)-u_2(\theta)=\int_0^{\theta+2\pi}F_2(\theta)d\theta-\int_0^\theta F_2(\theta)d\theta=\int_\theta^{\theta+2\pi}F_2(\theta)d\theta.$$

$F_2(\theta)$ は θ について周期 2π の周期関数であることに注意すれば

$$\alpha_2=\int_0^{2\pi}F_2(\theta)d\theta.$$

$\alpha_2\neq0$ ならば $u_2(\theta)$ は θ の周期関数ではない．

$\alpha_2=0$ ならば $u_2(\theta)$ は周期 2π の周期関数になるので

$$2u_2F_2(\theta)+F_3(\theta)$$

はやはり周期 2π をもつ．ゆえに

$$\alpha_3=u_3(\theta+2\pi)-u_3(\theta)=\int_\theta^{\theta+2\pi}(2u_2F_2(\theta)+F_3(\theta))d\theta$$

$$=\int_0^{2\pi}(2u_2F_2(\theta)+F_3(\theta))d\theta.$$

$\alpha_3 \neq 0$ ならば $u_3(\theta)$ は周期関数ではない．$\alpha_3=0$ ならば $u_3(\theta)$ は周期 2π をもち，したがって u_4 を与える積分の被積分関数 $v_4(\theta, u_1, u_2, u_3)$ は周期関数となる．ゆえに

$$\alpha_4 = \int_0^{2\pi} v_4(\theta, u_1, u_2, u_3) d\theta.$$

以下この論法をくりかえしていくと次のことがわかる．

$\alpha_2 = \cdots = \alpha_{k-1} = 0$ ならば $v_k(\theta, u_1, \cdots, u_{k-1})$ は θ の周期 2π の周期関数であり，したがって

$$\alpha_k = \int_0^{2\pi} v_k d\theta.$$

そこでいま，$\alpha_2, \alpha_3, \cdots$ のうち0にならない最初のものを α_k とする．$\alpha_2 = \cdots = \alpha_{k-1} = 0$ であるから上式が用いられて

$$\alpha_k = \int_0^{2\pi} v_k d\theta$$

となり，これは θ と無関係な定数である．そして

$$r(\theta+2\pi, r_0) - r(\theta, r_0) = \alpha_k {r_0}^k + \alpha_{k+1} {r_0}^{k+1} + \cdots.$$

このとき $\alpha_k \neq 0$ であるから $u_k(\theta)$ はもはや θ の周期関数ではなく，$\alpha_k \theta$ の形の，θ とともにその絶対値が限りなく増大していく項を含んでいる．そのために α_{k+1}, $\alpha_{k+2}, \cdots$ はもはや定数ではなく θ に関係し，一般には $|\theta| \to \infty$ のとき有界ではないかもしれない．しかし θ をある有限区間，たとえば $[0, 2\pi]$ に限るならば，r_0 を十分小さくとれば

$$\alpha_k {r_0}^k + \alpha_{k+1} {r_0}^{k+1} + \cdots = \alpha_k {r_0}^k \left(1 + \frac{\alpha_{k+1}}{\alpha_k} r_0 + \cdots\right)$$

の符号は $\alpha_k {r_0}^k$ ($r_0 > 0$ であるから実は α_k) の符号によってきまってしまう．

したがっていま $\alpha_k < 0$ であるとすれば

$$r(\theta+2\pi, r_0) - r(\theta, r_0) < 0, \qquad 0 \leqq \theta \leqq 2\pi. \tag{3.91}$$

これから

$$\max_{0 \leqq \theta \leqq 2\pi} r(\theta, r_0) > \max_{2\pi \leqq \theta \leqq 4\pi} r(\theta, r_0). \tag{3.92}$$

次に $\theta \geqq 4\pi$ における $r(\theta, r_0)$ の行動をみるために，

$$r(2\pi, r_0) = r_1$$

とおく．微分方程式(3.88)の右辺が θ について 2π の周期をもっているから $r(\theta)$ が解ならば $r(\theta+2\pi)$ もやはり解であることは容易にわかる．そこで解

$$r = r(\theta+2\pi, r_0)$$

を考えると，これは $\theta=0$ のとき $r=r(2\pi, r_0)=r_1$ になるから，解の一意性を考えれば

$$r(\theta+2\pi, r_0) = r(\theta, r_1)$$

である．

(3.91)により

$$r_1 = r(2\pi, r_0) < r(0, r_0) = r_0$$

であるから，展開式(3.90)は r_0 を r_1 でおきかえても有効である．それについていまと同じ議論をくりかえすと(3.92)に相当する式

$$\max_{0\leqq\theta\leqq 2\pi} r(\theta, r_1) > \max_{2\pi\leqq\theta\leqq 4\pi} r(\theta, r_1)$$

を得る．ところが

$$r(\theta, r_1) = r(\theta+2\pi, r_0)$$

であったから

$$\max_{0\leqq\theta\leqq 2\pi} r(\theta+2\pi, r_0) > \max_{2\pi\leqq\theta\leqq 4\pi} r(\theta+2\pi, r_0)$$

すなわち

$$\max_{2\pi\leqq\theta\leqq 4\pi} r(\theta, r_0) > \max_{4\pi\leqq\theta\leqq 6\pi} r(\theta, r_0).$$

この論法をくりかえして，

$$\max_{2(k-1)\pi\leqq\theta\leqq 2k\pi} r(\theta, r_0) > \max_{2k\pi\leqq\theta\leqq 2(k+1)\pi} r(\theta, r_0), \qquad k = 1, 2, \cdots$$

を得る．

この不等式から θ が増加するとき解 $r(\theta, r_0)$ は次第に零解に近よっていくことがわかる．しかしさらに

$$\lim_{\theta\to\infty} r(\theta, r_0) = 0$$

をいわねばならない．それには任意の θ に対し

$$\lim_{k\to\infty} r(\theta+2k\pi, r_0) = 0$$

が成り立つことがいえればよい．

$$r(\theta+2k\pi, r_0)=r_k$$

とおけば $\{r_k\}$ は単調減少な正の数列であるから

$$\lim_{k\to\infty} r_k = r_\infty$$

が存在する．いま十分小さい正の実数 r' に $r(2\pi, r')$ を対応させる写像を σ で表せば，いままでの議論から明らかなように

$$\sigma(r_k)=r_{k+1}.$$

微分方程式の初期値に関する連続性(定理1.4)により σ は連続な写像である．ゆえに

$$\lim_{k\to\infty}\sigma(r_k)=\sigma(\lim_{k\to\infty} r_k)=\sigma(r_\infty).$$

一方

$$\lim_{k\to\infty} r_{k+1}=r_\infty$$

であるから，

$$\sigma(r_\infty)=r_\infty$$

が得られる．ところが

$$\sigma(r_\infty)=r(2\pi, r_\infty)$$

であるから，もし $r_\infty>0$ ならば(3.91)により

$$\sigma(r_\infty)=r(2\pi, r_\infty)<r(0, r_\infty)=r_\infty$$

となり矛盾を生ずる．ゆえに $r_\infty=0$.

これで

$$\lim_{\theta\to\infty} r(\theta, r_0)=0$$

が十分小さいすべての r_0 について成り立つことがわかった．したがって，$r\theta$ 平面で解のグラフをえがくと次ページの図のようになる．解の一意性により，解のグラフが互いに交わることがないことに注意すれば，θ_0 を任意にとるとき，$\theta=\theta_0$ で $r=r_0$ となる解も，r_0 が十分小ならば $\theta\to\infty$ のとき0に収束する．

この場合解はすべて $d\theta/dt>1/2$ であるような範囲 $r<\rho$ の中を動いているから，$\theta\to\infty$ ならば $t\to\infty$ である．ゆえに $x(t)$ を初期値が原点に十分近い解，すなわち $\|x(0)\|=r_0$ が十分小さい解とすれば

$$\lim_{t\to\infty}\|x(t)\|=0.$$

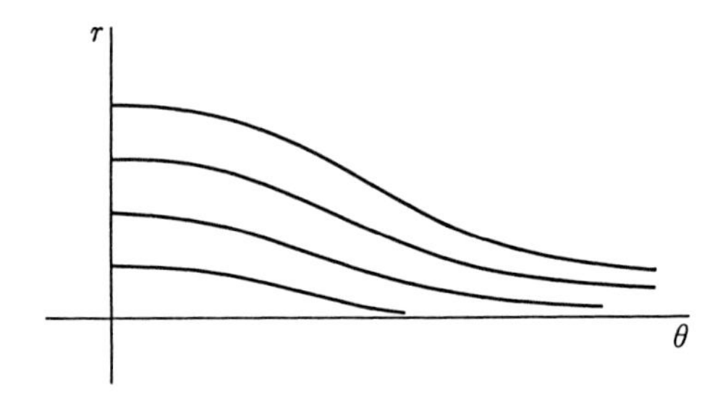

いままでの議論は，$\alpha_2, \alpha_3, \cdots$ のうちで最初に0にならないものを α_k とするとき，$\alpha_k<0$ の場合であったが，$\alpha_k>0$ のときには，

$$r(\theta-2\pi, r_0)-r(\theta, r_0) < -\alpha_k r_0{}^k(1+\cdots)$$

となるので

$$r(\theta-2\pi, r_0) < r(\theta, r_0)$$

となり，これから

$$\max_{-2\pi\leqq\theta\leqq 0} r(\theta, r_0) < \max_{0\leqq\theta\leqq 2\pi} r(\theta, r_0)$$

が導かれ，以下同様の論法をくりかえして

$$\lim_{\theta\to-\infty} r(\theta, r_0) = 0$$

が得られる．したがってこの場合には，初期値が原点に十分近い解 $x(t)$ に対し

$$\lim_{t\to-\infty} \|x(t)\| = 0$$

が成り立つ．

最後に残ったのは $\alpha_2, \alpha_3, \cdots$ がすべて0となる場合であるが，このときは(α_k の定義から) $u_2(\theta), u_3(\theta), \cdots$ がすべて θ について周期 2π をもつ周期関数になるので

$$r = r(\theta, r_0) = r_0+r_0{}^2u_2(\theta)+r_0{}^3u_3(\theta)+\cdots$$

はすべての(十分小さい) r_0 に対し周期 2π をもつ．ゆえに θ_0, r_0 を任意にとり，

$$x^0 = (r_0\cos\theta_0, r_0\sin\theta_0)$$

とすれば，$t=0$ で x^0 を通る解を $x(t, x^0)$ とするとき，ある $\omega>0$ が存在して

$$x(\omega, x^0) = x^0$$

となる．したがって解の一意性から

$$x(t, x(\omega, x^0)) = x(t, x^0). \tag{3.93}$$

一方微分方程式(3.85)の右辺が t を含んでいないから,

$$x = x(t+\omega, x^0)$$

もやはり(3.85)の解である(定理2.2の証明参照). しかも $t=0$ のときこの解は $x(\omega, x^0)$ に等しくなるから, 解の一意性により

$$x(t+\omega, x^0) = x(t, x(\omega, x^0)).$$

これと(3.93)とを比べて

$$x(t+\omega, x^0) = x(t, x^0).$$

ゆえに $x(t)$ は周期的である. したがって $\|x(0)\|$ が十分小さければ解 $x(t)$ はすべて周期的である. ただし周期 ω は一般に初期値に関係する.

これで, 定理の結論である(1), (2), (3)のどれかが成り立つことがわかり, 証明は完結した. ▌

この場合には, 零解は, (1)が成り立てば漸近安定, (2)が成り立てば負に漸近安定(§2.1参照), (3)が成り立てば正にも負にも安定であるが, 漸近安定ではない.

(3)が実現されるためには, 非線型項 $f(x)$ の係数が, 無限個の条件

$$\alpha_2 = \alpha_3 = \cdots = 0$$

を満たさなければならないから, これはきわめて例外的な場合である.

簡単な例をあげよう.

例 3.3 微分方程式

$$\frac{dx_1}{dt} = -x_2, \qquad \frac{dx_2}{dt} = x_1 + ax_1x_2 + bx_1{}^2x_2 \tag{3.94}$$

にこの節の議論をあてはめてみよう.

$$x_1 = r\cos\theta, \qquad x_2 = r\sin\theta$$

とおけば

$$\frac{dr}{dt} = ar^2\cos\theta\sin^2\theta + br^3\cos^2\theta\sin^2\theta,$$

$$\frac{d\theta}{dt} = 1 + ar\cos^2\theta\sin\theta + br^2\cos^3\theta\sin\theta,$$

$$\frac{dr}{d\theta} = ar^2\cos\theta\sin^2\theta + r^3(b\cos^2\theta\sin^2\theta - a^2\cos^3\theta\sin^3\theta) + \cdots.$$

ここで

$$r = r_0 + r_0^2 u_2(\theta) + r_0^3 u_3(\theta) + \cdots$$

とおいて上式に代入すれば

$$\frac{du_2}{d\theta} = a\cos\theta\sin^2\theta,$$

$$\frac{du_3}{d\theta} = 2a\cos\theta\sin^2\theta\cdot u_2 + b\cos^2\theta\sin^2\theta - a^2\cos^3\theta\sin^3\theta,$$

$$\cdots\cdots\cdots\cdots\cdots.$$

まず

$$\alpha_2 = \int_0^{2\pi} a\cos\theta\sin^2\theta = 0$$

であって，

$$u_2(\theta) = \int_0^{\theta} a\cos\theta\sin^2\theta d\theta = \frac{a}{3}\sin^3\theta.$$

ゆえに

$$\frac{du_3}{d\theta} = \frac{2a^2}{3}\sin^5\theta\cos\theta + b\cos^2\theta\sin^2\theta - a^2\cos^3\theta\sin^3\theta.$$

これから

$$\alpha_3 = \int_0^{2\pi}\left(\frac{2a^2}{3}\sin^5\theta\cos\theta + b\cos^2\theta\sin^2\theta - a^2\cos^3\theta\sin^3\theta\right)d\theta = \frac{b\pi}{4}.$$

したがって零解に近いすべての解は，$b<0$ のとき $t\to\infty$ で零解に近づき，$b>0$ のとき $t\to-\infty$ で零解に近づく．

$b=0$ のときどうなるかをみるのには，定理3.16の証明の方針に沿っていくならば，さらに $\alpha_4, \alpha_5, \cdots$ を計算してそれらが0になるか，ならないかをしらべるわけであるが，それは実際上不可能であるから，はじめの方程式において $b=0$ とおいてみると

$$\frac{dx_1}{dt} = -x_2, \qquad \frac{dx_2}{dt} = x_1 + ax_1x_2.$$

ゆえに

$$\frac{dx_2}{dx_1} = \frac{x_1(1+ax_2)}{-x_2}$$

となってこれは解くことができる．

まず $a=0$ のときは，ただちに

$$x_1{}^2+x_2{}^2=C$$

で，解は x_1x_2 平面上で閉曲線を表すから，これは(3)の場合である．

$a\neq 0$ のときは，解は

$$\log(1+ax_2)=\frac{1}{2}a^2x_1{}^2+ax_2+C$$

となる．左辺を Taylor 級数に展開して整理すれば

$$\frac{1}{2}a^2(x_1{}^2+x_2{}^2)-\frac{a^3x_2{}^3}{3}+\cdots=C'$$

となるから，定数 C' が小さければ，これはやはり原点をとりまく閉曲線となる．ゆえにこの場合も(3)が成り立つ．

したがって方程式(3.94)は，$b<0$ ならば(1)，$b>0$ ならば(2)，$b=0$ ならば(3)の場合に該当する．——

問　　題

1　次の各々の場合について $\lambda(\varphi(t), k(t))$ を求めよ．

(i)　$\varphi(t)=\exp(t^2\sin t)$,　$k(t)=e^{t^2}$,

(ii)　$\varphi(t)=\exp\left(t^2\sin\frac{1}{t}\right)$,　$k(t)=e^{t^2}$,

(iii)　$\varphi(t)=t\log t$,　$k(t)=t$,

(iv)　$\varphi(t)=\log\frac{t+1}{t}$,　$k(t)=\log t$.

2　次に示された行列 $A(t)$ を係数とする線型方程式

$$\frac{dx}{dt}=A(t)x$$

において，標準基底から成る基本行列を $\Phi(t)$ とするとき，$\nu(\Phi)$ を求め，それが

$$-\limsup_{t\to\infty}\frac{1}{t}\int_{t_0}^{t}\mathrm{tr}\,A(\tau)\,d\tau$$

に等しいことを示せ．

(i)　$A(t)=\begin{bmatrix}\dfrac{t+1}{t} & 0\\ t & 1\end{bmatrix}$, (ii)　$A(t)=\begin{bmatrix} -t\cos t & 0 \\ 1+t\cos t & 1 \end{bmatrix}$.

3　$\lambda(\varphi(t),t)$ が有限の値をもてば

$$\lambda(\varphi(t))=\lambda(\varphi(t),e^t)=0$$

であることを証明せよ.

4　微分方程式

$$\frac{dx}{dt}=A(t)x$$

において $A(t)$ の要素 $a_{ik}(t)$ がすべて

$$|a_{ik}(t)|\leqq f(t),\qquad t\geqq t_0$$

を満足すれば，任意の解 $x(t)=(x_1(t),\cdots,x_n(t))$ に対して

$$\sum_{i=1}^{n}|x_i(t)|\leqq\left(\sum_{i=1}^{n}|x_i(t_0)|\right)\exp\left(n\int_{t_0}^{t}f(\tau)\,d\tau\right)$$

が成り立つことを示せ.

5　微分方程式は問題4と同じであるとし，$A(t)$ の要素 $a_{ik}(t)$ はすべて

$$\int_{t_0}^{\infty}|a_{ik}(t)|dt<\infty$$

を満たすとする．このとき次のことを証明せよ.

(i)　この方程式の解はすべて $t\geqq t_0$ において有界である.

(ii)　さらに定数 c が存在して，すべての $t\geqq t_0$ に対し

$$\int_{t_0}^{t}\mathrm{tr}\,A(\tau)\,d\tau>c>-\infty$$

が成り立てば，Ljapunov 行列 $P(t)$ が存在して，変換

$$x=P(t)y$$

により，微分方程式は

$$\frac{dy}{dt}=0$$

に変換される.

6　微分方程式

$$\frac{dx}{dt}=Ax+f(x,t)$$

は§3.5と同じ条件を満たすものとし，さらに A の固有値 $\lambda_1,\cdots,\lambda_n$ は定理3.13で用いた条件(4)を満たすものとする．すなわち $\lambda_1,\cdots,\lambda_n$ はすべて複素平面上で原点を通るある直線の一方の側にあるものとする.

このとき実数 ω を適当にえらんで，独立変数の変換

$$t=e^{i\omega}\tau$$

を行うと，この方程式の解で初期値が0に十分近いものはすべて $\tau\to\infty$ で0に収束することを示せ.

7　問題6と同じ形の微分方程式を考え，§3.5と同じ条件がやはり成り立っているとする．A の固有値 $\lambda_1, \cdots, \lambda_n$ に対し

$$\mathrm{Re}\,\lambda_1 \leqq \mathrm{Re}\,\lambda_2 \leqq \cdots \leqq \mathrm{Re}\,\lambda_m < 0 < \mathrm{Re}\,\lambda_{m+1} \leqq \cdots \leqq \mathrm{Re}\,\lambda_n$$

が成り立つものとすれば，この方程式の解 $x(t)$ で，

$$\lambda(x(t)) = -\mathrm{Re}\,\lambda_1$$

となるものが存在することを示せ.

8　$x=0$ の近傍で正則な関数

$$\varphi(x) = \mu x + \sum_{k=2}^{\infty} c_k x^k$$

が与えられているとする．このとき $x=0$ の近傍で正則な関数

$$\psi(x) = x + \sum_{k=2}^{\infty} d_k x^k \tag{1}$$

に対する関数方程式

$$\psi(\varphi(x)) = \mu\psi(x) \tag{2}$$

を **Schröder の関数方程式**という．$|\mu|<1$ ならばこの方程式を満たすような $\psi(x)$ が存在し，d_k は $c_2, c_3, \cdots$ の多項式となることがわかっている．このことを利用して次の定理を証明せよ.

定理 ($n=1$ の場合に対する定理3.15の一般化)　単独微分方程式

$$\frac{dx}{dt} = \lambda x + \sum_{k=2}^{\infty} f_k(t)\, x^k$$

において，λ は $\mathrm{Re}\,\lambda<0$ である定数，$f_k(t)$ は周期 $\omega>0$ をもつ連続な周期関数で，右辺のベキ級数は $x=0$ の近傍で，すべての t に対し収束するものとする．このとき，この方程式の解で，十分小さい初期値 $|x(t_0)|$ をもつものは，$t \geqq t_0$ において収束する展開式

$$x = \sum_{k=1}^{\infty} p_k(t)\, e^{k\lambda t}$$

をもつ．ここに係数 $p_k(t)$ は周期 ω の周期関数である.

証明は次の手順にしたがって行う.

(i)　$t=t_0$ で $x=x_0$ となる解を $x(t\,;t_0, x_0)$ とすれば $|x_0|$ が十分小さいとき，それは

$$x(t\,;t_0, x_0) = e^{\lambda(t-t_0)} x_0 + \sum_{k=2}^{\infty} a_k(t, t_0)\, {x_0}^k$$

なる展開式をもち，$a_k(t+\omega, t_0+\omega)$ となることを示す.

(ii)　$x(t+\omega\,;t_0, x_0) = x(t+\omega\,;t, x(t\,;t_0, x_0))$ であることを用いて

$$x(t+\omega\,;t_0, x_0) = e^{\lambda\omega} x(t\,;t_0, x_0) + \sum_{k=2}^{\infty} c_k(t)(x(t\,;t_0, x_0))^k, \qquad c_k(t+\omega) = c_k(t)$$

が成り立つことを示す.

(iii)　$\varphi(x)=e^{\lambda\omega}x+\sum_{k=2}^{\infty}c_k(t)x^k$ に対する Schröder の関数方程式 $\psi(\varphi(x))=e^{\lambda\omega}\psi(x)$ は，解

$$\psi(x)=x+\sum_{k=2}^{\infty}d_k(t)x^k \tag{3}$$

をもち $d_k(t+\omega)=d_k(\omega)$ であることを示す．

(iv)　$\psi(x(t\,;t_0,\omega_0))=\tilde{\psi}(t)$ とおけば $\tilde{\psi}(t+\omega)=e^{\lambda\omega}\tilde{\psi}(t)$ であり，したがって

$$\tilde{\psi}(t)=\psi(x(t\,;t_0,\omega_0))=e^{\lambda t}q(t),\qquad q(t+\omega)=q(t)$$

と書けることを示す．

(v)　この関係を (3) に代入した式

$$e^{\lambda t}q(t)=x(t\,;t_0,x_0)+\sum_{k=2}^{\infty}d_k(t)(x(t\,;t_0,x_0))^k$$

を $x(t\,;t_0,x_0)$ について解け．

9　前問の証明に利用した $|\mu|<1$ の場合の Schröder の関数方程式の解の存在を，以下の方針にしたがって証明せよ．

(i)　(1) の形の形式的なベキ級数 $\psi(x)$ で (2) を形式的に満足するものがただ一つ存在し

$$d_2=\frac{c_2}{\mu^2-\mu},\qquad d_k=\frac{1}{\mu^k-\mu}(c_k+p_k(c_2,\cdots,c_{k-1},d_2,\cdots,d_{k-1}))\quad(k\geqq 3)$$

であることを示す．ただし p_k は $c_2,\cdots,c_{k-1},d_2,\cdots,d_{k-1}$ の多項式でその係数はすべて正である．

(ii)　$k=2,3,\cdots$ に対し $|\mu^k-\mu|>\alpha>0$ であるような α，および $|c_k|<\gamma^k$ であるような $\gamma>0$ の存在することを示す．

(iii)　形式的なベキ級数

$$\Psi(x)=x+\sum_{k=2}^{\infty}\delta_k x^k$$

を，

$$\alpha(\Psi(x)-x)=\sum_{k=2}^{\infty}\gamma^k(\Psi(x))^k$$

が成り立つように定めると，δ_k はただ一通りに決まって

$$\delta_2=\frac{\gamma^2}{\alpha},\qquad \delta_k=\frac{1}{\alpha}(\gamma^k+p_k(a^2,\cdots,a^{k-1},\delta_2,\cdots,\delta_{k-1}))\quad(k\geqq 3)$$

となり，したがって $\Psi(x)$ は $\psi(x)$ の優級数であることを示す．

(iv)　関数方程式

$$\alpha(\Psi(x)-x)=\sum_{k=2}^{\infty}\gamma^k(\Psi(x))^k=\frac{1}{1-\gamma\Psi(x)}-1-\gamma\Psi(x)$$

は $x=0$ の近傍で正則な解をもつことを示し，(iii) で求めた優級数の収束を示す．

問題の解答

(第1章)

1　(i)　$x_1 = e^t \cos t,\quad x_2 = e^t \sin t,$

(ii)　$x_1 = \frac{17}{32}e^{4t} + \frac{3}{8}e^{-2t} - \frac{3}{8}t + \frac{3}{32},\quad x_2 = \frac{17}{32}e^{4t} - \frac{3}{8}e^{-2t} + \frac{t}{8} - \frac{5}{32}.$

4　$\omega \neq 1$ のとき　$x = \left(1 + \frac{A\omega}{\omega^2 - 1}\right)\sin t - \frac{A}{\omega^2 - 1}\sin \omega t,$

$\omega = 1$ のとき　$x = \left(1 + \frac{A}{2}\right)\sin t - \frac{A}{2}t \cos t.$

(第3章)

1　(i)　-1,　(ii)　0,　(iii)　-1,　(iv)　∞.

2　(i)　標準基底としてたとえば

$$\begin{bmatrix} 0 \\ e^t \end{bmatrix},\quad \begin{bmatrix} te^t \\ \frac{t^3}{3}e^t \end{bmatrix}$$

がとれて，これらの Ljapunov 数はいずれも -1. ゆえに $\nu(\Phi) = -2$. 一方

$$-\limsup_{t\to\infty} \frac{1}{t}\int_{t_0}^{t} \mathrm{tr}\, A(\tau)\, d\tau = -\limsup_{t\to\infty} \frac{1}{t}\int_{t_0}^{t} \left(2 + \frac{1}{\tau}\right) d\tau = -2.$$

(ii)　標準基底として，たとえば

$$\begin{bmatrix} 0 \\ e^t \end{bmatrix},\quad \begin{bmatrix} \exp(-t \sin t - \cos t) \\ -\exp(-t \sin t - \cos t) \end{bmatrix}$$

がとれて，これらの Ljapunov 数はいずれも -1. ゆえに $\nu(\Phi) = -2$. 一方

$$-\limsup_{t\to\infty} \frac{1}{t}\int_{t_0}^{t} \mathrm{tr}\, A(\tau)\, d\tau = -\limsup_{t\to\infty} \frac{1}{t}\int_{t_0}^{t} (-\tau \cos \tau + 1)\, d\tau = -2.$$

参　考　書

Bellman, R.: Stability Theory of Differential Equations, McGraw-Hill, New York (1953).

Cesari, L.: Asymptotic Behavior and Stability Problems in Ordinary Differential Equations, Springer, Berlin (1959).

Coddington, E. A. & Levinson, N.: The Theory of Ordinary Differential Equations, McGraw-Hill, New York (1955). (吉田節三訳: 常微分方程式論, 上・下, 吉岡書店)

Halanay, A.: Differential Equations: Stability, Oscillation, Time Lags, Academic Press, New York & London (1966). (加藤順二訳: 微分方程式, 上・下, 吉岡書店)

Hartman, P.: Ordinary Differential Equations, Wiley, New York (1964).

Lefschetz, S.: Differential Equations: Geometric Theory, Wiley, New York (1957).

Nemytskii, V. V. & Stepanov, V. V.: Qualitative Theory of Differential Equations, Princeton Univ. Press, Princeton (1960).

Yoshizawa, T.: The Stability Theory by Liapunov's Second Method, Publications of the Math. Soc. of Japan, Tokyo (1966).

なお初等的な入門書としては

吉沢太郎: 微分方程式入門, 朝倉書店 (1972)

がある.

■岩波オンデマンドブックス■

岩波講座 基礎数学
解析学(II) i
常微分方程式 I

1976年 8月2日 第1刷発行
1988年 4月4日 第3刷発行
2019年 4月10日 オンデマンド版発行

著 者 斎藤利弥(さいとうとしや)

発行者 岡本 厚

発行所 株式会社 岩波書店
〒101-8002 東京都千代田区一ツ橋 2-5-5
電話案内 03-5210-4000
http://www.iwanami.co.jp/

印刷/製本・法令印刷

ISBN 978-4-00-730869-7 Printed in Japan